アントロポセン
人新世の地球環境と農業

石坂匡身・大串和紀・中道 宏
ISHIZAKA Masami　OGUSHI Kazunori　NAKAMICHI Hiroshi

地球は、1万1700年前に始まった完新世から、近現代の人間活動、人口爆発の影響で、1950年前後に新たな地質時代であるアントロポセン：Anthropocene＝人新世（「ひとしんせい」または「じんしんせい」と読む）に入ったといわれる。人間による地球環境の激変がもたらすものである。

この激変をどう防ぐのか、人類はいかに生きていくべきか、それが本書のテーマであり、その鍵は「物質と生命の循環の回復」にある。

はじめに

今、地球の環境が悪化し、地球温暖化の進展などにより人類の生存が脅かされるような事態になっている。

私たちは、地球環境の変化を、報道などを通じて頭の中では理解できるが、これを実感として感知することはむずかしい。そして、環境問題は、長い時間をかけてその影響が及んでくることから、私たちの環境問題に対する関心も、その改善に対する取り組みも、長続きしにくいという特徴がある。

46億年前に誕生した地球は、現在、地質時代区分では顕生代（5億4100万年前に始まった）の新生代（同6600万年前）の第四紀（同258万8000年前）の完新世（同1万1700年前）にあるが、人類が地球の生態系や気候に大きな影響を及ぼすようになった1950年（70年前）前後以降を、人類の活動がかつての小惑星の衝突や火山の大噴火に匹敵するような地質学的な変化を地球に刻み込んでいることを意味する「人新世（アントロポセン：Anthropocene）」とする新しい地質時代区分が提唱されている。

人新世の地質には、森が農地に、農地が都市に転換された痕跡が残り、度重なる核爆発によって放射性物質が地球全体に降り注ぎ、土壌には窒素が蓄積し、プラスチック、コンクリートが介在し、雪氷層には高い濃度の二酸化炭素が気泡として閉じ込められることになるだろう。

これらは一見豊かな生活を送った私たちが、物質と生命を循環させず、循環できない物質を地表に持ち出し、これらが地球環境の復元力の限界値を超えてしまったことに起因する。その結果、われわれ人類を含む史上6度目の生物大絶滅を招来しつつある。問題を引き起こした私たち、人間は、これを防ぎ、地球上の生物の生存・繁栄と資源を維持していく責任があるだろう。


かつて行政の場で環境と農業とにかかわってきた筆者らは、地球の環境は物質と生命が循環することにより維持されており、この循環機能に依存する農業のあり方を通して地球環境問題への対応を論じてみようと考え、同好の士と諮り２００８（平成20）年2月に、Ｗｅｂサイト

Seneca21st「物質と生命の循環」の視角から地球環境問題に展望を拓く試み
http://seneca21st.eco.coocan.jp/index.html

を立ち上げた。

このサイトには、多くの識者から地球環境、農業、農村に関する話題を提供いただき、また多くの訪問者があった。まことにありがたいことである。

サイトに提供された話題は、専門的で多岐にわたり、これを集約することはむずかしく、また、きわめて苦境にある日本農業のあり方を通して地球環境問題への対応を論じることも同じくむずかしいが、先人が培ってきた知恵にも習い、健全で（物質と生命が循環する）活発な（循環が促進される）農業が展開されることが国土経営を安定させ、国の安全保障、そして地球環境問題に資することを、あらためて提案することとしたい。

地球環境問題は、私たちが人新世において生み出した問題であるが、その解決策を完全には見出せていない未踏峰の問題でもある。

本書が、「人新世（アントロポセン）」を生き抜く世代がこの未踏峰に果敢に挑戦し、展望を拓くきっかけになればこれに勝る喜びはない。

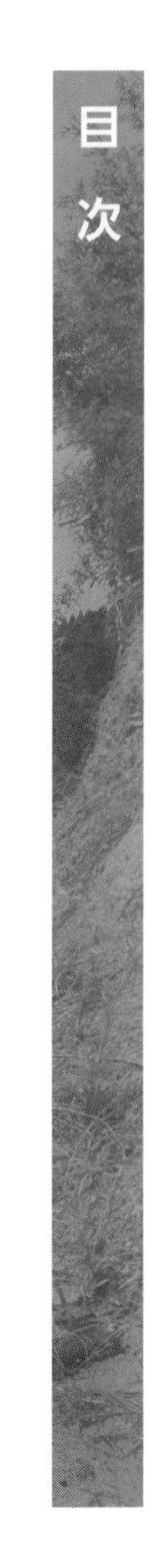
目次

第4章　環境倫理　どう考えていくべきか……102

限界値を超えた地球環境問題

プラネタリー・バウンダリー

物事は直線的に変化するのでなく、ある限界値を超えると、一気に上昇したり下降したりすることが知られている。この限界値、一気に変化が起きる転換点をティッピング・ポイント（tipping point）という。「最後のワラ1本がラクダの背中を折る」などの西欧の諺がこれであり、商品の売れ行き、感染症の流行、シンギュラリティー（singularity：人工知能（ＡＩ）が人類の知能を超える転換点（技術的特異点、またはそれがもたらす世界の変化））、地球規模の気候変動など例は多い。

38億年前に生命が誕生した地球の環境システム（エコシステム）は、太陽に対する地球の位置関係の変化や小惑星との衝突など、宇宙の影響による大変化を幾度となく経験し、現在の安定した状態に至っているが、近年の人類の活動は、これまでの宇宙の影響に匹敵するような規模で、地球環境システムに大きな変化をもたらそうとしている。

プラネタリー・バウンダリー（Planetary Boundary）とは、地球の機能を制御するさまざまなシステムが、人類の望まない状態に急変しうる生物物理学的限界を示すもので、たとえば、気候、水環境、生態系などが本来もつ回復力の限界を超えると、突然に転換点を超え、ある均衡状態から別の均衡状態に不可逆的に移行する限界値を表す。

ヨハン・ロックストロームによる提唱[*1]

スウェーデンのストックホルム・レジリエンス・センターのヨハン・ロックストローム教授は、地球が安定的かつ回復可能な状態で安全に機能する範囲内で、人類の繁栄と経済成長を実現できる新しい発展のパラダイムを必要としているとの認識から、プラネタリー・バウンダリーの定量化を試みている。

彼は、地球環境システムの主なプロセスを次の九つに絞り込み、この9種類の限界値について監視していくこと、そして九つのうち七つについて具体的に定量化した限界値（プラネタリー・バウンダリー）を２００９年に専門誌 Nature に投稿している。なお、これら九つのプロセスは相互に関連していることは言うまでもない。

九つのプロセスは、その機能により三つのグループに分けられる。

第１グループ　明確に定義された地球的な限界値があるプロセス、すなわち、ある状態か

ら別の状態へ急激に移行し、地球全体に直接に影響しうるプロセス
気候変動
成層圏オゾン層の破壊
海洋酸性化
第2グループ　ゆるやかに変化する地球環境にかかる変数にもとづく限界値が含まれ、それらは地球環境システムの基本的な回復力を支えている。地球規模の変動よりは、比較的限定された地域の限界値に結びついている
土地利用の変化
淡水の消費
生物多様性の損失率
窒素およびリンによる汚染
第3グループ　人間が作り出した脅威で安全な限界値を設定するのにさらなる研究が必要
化学物質汚染
大気汚染またはエアロゾル負荷

限界値を超えた気候変動、生物多様性の損失率、土地利用の変化、窒素およびリンによる汚染

ロックストロームらはその著書[*2]で、次のように述べている。

CO_2の大気中濃度については350ppm以下という限界値を提示している。しかし、すでに大気中のCO_2濃度は399ppmと限界値をはるかに超えており、破滅的な転換が起こる可能性がきわめて高い。

生物多様性の損失について、産業革命以前の平均絶滅率は年間で100万種当たり0・1〜1であるが、18世紀半ばの産業革命以降、年間100万種当たり100以上に達している。種の絶滅がこのレベルで継続すると、多くの生態系が機能し続ける能力を失うおそれがあり、それに依存する人間社会にとっても不都合な状態になる。

生物多様性の損失、淡水の枯渇、炭素吸収源の減少などが各々の限界値を超えないように、耕作やその他の開発しうる土地の限界値は凍結していない地球の地表面の15%以下、重要な生物圏を維持するために必要な最小限の森林面積は熱帯雨林の85%、北方林（カナダ、アラスカなど、北緯45度から70度に分布する亜寒帯林）の85%、温帯林の50%と提唱しているが、すでに限界値を超えている。

窒素とリンの過剰使用は、海洋生態系を富栄養化し、深刻な無酸素現象や酸欠海域を引き起こすおそれがある。安全な限界値は年間4400万t以下の窒素の生産だが、現在の窒素生産量は年約1億5000万tで、限界値を大きく超えている。

筆者らは、日本農業土木総合研究所に在職中の2005年に窒素循環の問題を取り上げ[*3]、またWebサイトSeneca21stでも、2008年に窒素循環を[*4]、2015年にリン循環を[*5]取り上げ、窒素とリンの問題を提起したが、ほとんど話題になることはなかった。しかし、ロックストロームが「窒素とリンが『地球の限界』を超す4分野の一つになっている」と指摘したことに、あらためて驚きと納得を禁じえなかった。

地球環境問題は全体性を把握しなければならない

地球環境問題のそれぞれの項目／システムは個々に議論されることが多いが、その対応には相互に関連するものが多く、個別にではなく全体性を捉えて議論されることが大事である。

ロックストローム[*6]は、九つのプロセスはお互いに関連しており、一つのプロセスが限界値を超えるとそのほかの限界値がシフトする可能性が高い。たとえば気候変動の限界値を超えてしまうと、生物多様性などのほかの限界値も維持できなくなってしまう可能性が高く、すべてのプロセスが限界値内にとどまる必要があると述べている。

また、「私たちは、かつて大きな地球の小さな世界に住んでいた。いまや、私たちは、小さな地球の大きな世界に住み、地球に大きな影響を与えながら暮らしているのだ。それゆえに、プラネタリー・バウンダリーを尊重しなければならないのである」と指摘している。

人新世時代の到来と対応を指摘しているといえよう。

参考文献

＊1　J・ロックストローム、M・クルム著、武内和彦・石井菜穂子監修『小さな地球の大きな世界　プラネタリー・バウンダリーと持続可能な開発』丸善出版（2018）
＊2　＊1と同じ
＊3　日本農業土木総合研究所編『水土の知を語るVol.8【循環型社会の形成は活発で健全な農業生産活動から】』日本農業土木総合研究所（2005）
＊4　大串和紀「農業における窒素循環の視角から循環型社会を展望する」Senaca21st【話題5】（2008）
＊5　大串和紀「農業におけるリン循環の視角から循環型社会を展望する」Senaca21st【話題59】（2015）
＊6　＊1と同じ

第1章

「人新世」の地球環境問題の本質
——物質と生命がともに循環しなければ地球環境は維持されない

人類は今、その生存基盤を脅かそうとしている気候変動、生物種の急激な減少などのさまざまな地球環境問題を抱えている。これらはいずれも地球の自然がもつ物質と生命の循環の仕組みが人類の自然の限界をわきまえない活動により損なわれていることに原因している。自らの生存を危うくしている問題を、優れた知能をもつ人類がなぜ感知できなかったのか、なぜ活動をあらためることができないで世界が今苦しんでいるのだろうか。

第1節　いろいろな地球環境問題

気候変動

地球は4層構造の薄い大気の層（地上から100km程度）に覆われており、下から「対流圏」、「成層圏」、「中間圏」、「熱圏」と名付けられている。各層の境界の高度はおよそ10km、50km、

80㎞で、この大気圏の外側が宇宙である。地球の大気にはCO_2などの温室効果ガスと呼ばれる気体がわずかに含まれている。これらの気体は赤外線を吸収し、再び放出する性質があり、この性質のため、太陽からの光で温められた地球の表面から地球の外に向かう赤外線の多くが、熱として大気に蓄積され、再び地球の表面に戻ってくる。この戻ってきた赤外線が、地球の表面付近の大気を温めるのを温室効果と呼び、これによって地球表面の気温が平均15℃に保たれている。

この温室効果ガスが人間の行為により増加して温室効果が高まり、地球表面の気温が高まることが地球温暖化問題である。

気候変動に関する政府間パネル（Intergovernmental Panel on Climate Change：ＩＰＣＣ）は、気候変動に関して、科学的および社会経済的な見地から包括的な評価を行ない、５～６年ごとに評価報告書を公表している。

これまでの報告[*7]では、

・気候システムの温暖化には疑う余地はない

・人間の影響が、20世紀半ば以降に観測された温暖化の支配的な要因であった可能性がきわめて高い

・気候変動を抑制するには、温室効果ガス排出量の抜本的かつ持続的な削減が必要である

・CO_2の累積総排出量とそれに対する世界平均地上気温の応答は、ほぼ比例関係にある

とされている。

人為的な温室効果ガスの発生原因としてもっとも大きなものは、産業革命以後、エネルギー源として石炭や石油などの化石燃料が用いられ、この燃焼によりCO_2が大量に大気中へ放出されたことである。

本来、人為的な作為が加わらなければ、大気中のCO_2は植物により吸収されてその成長を助け、植物は動物の餌となり、さらに動植物の死骸は腐敗によって再びCO_2に戻っていくという自然のサイクルの中で循環することで、一定の水準に保たれていたはずである。しかし、この自然の循環機能だけで処理できないほどの量のCO_2が人為的に排出されているのである。

なお、地球温暖化の影響は、大気と海洋の温暖化、世界の水循環の変化、雪氷の減少、世界平均海面水位の上昇、および気象の極端現象（集中豪雨、熱波、干ばつ、大型台風など）の激化として観測されている。

オゾン層の破壊

大気中のオゾンO_3（酸素原子3個からなる気体）は、成層圏に約90％存在しており、このオゾンの多い層を一般的にオゾン層という。上空に存在するオゾンを地上に集めると約3㎜程度の厚さにしかならないが、このように少ない量のオゾンが太陽からの有害な紫外線を吸収し、地上の生態系を保護している。この大切なオゾン層が、破壊されている。

オゾン層を破壊しているのは、人間が作り出しているフロンという化学物質である。

フロンガスは、エアコンや冷蔵庫などの「冷媒」や精密機器・半導体を洗う洗浄剤、スプレーの噴霧剤として使われている。この古くから使われてきたフロンガスは、空気中に放出されても分解されないが、15年ほどかけてゆっくり上空（成層圏）まで昇っていき、紫外線が当たると分解して塩素原子を放出する。この塩素原子がオゾン層の酸素と結合してオゾンが破壊される。

フロンは化学的、熱的にきわめて安定であるため、開発当時は「夢の化学物質」としてもてはやされたが、日本の南極地域観測隊員であった気象研究所予報研究部の忠鉢繁研究官（当時）が、1982（昭和57）年10月に南極上空のオゾン量が著しく減少していることを突き止め、その原因が成層圏で活性化した塩素原子によるオゾンの分解であると解明された。

これは、人類が地球に存在しなかった物質を作り出し、（その危険性を知らないまま）地球の循環の仕組みの中に放出した結果、大きな問題を引き起こした事例である。

オゾン層が破壊されると、地球に届く紫外線の量が増え、
①人体への影響……皮膚ガンや白内障を引き起こしたりする
②動植物への影響……微生物は有害紫外線の影響を受けやすく、プランクトンやさまざまな動植物の成長が妨げられる。そのため、漁獲量が減少したり、農作物への被害が生じたりするなど、私たちの食料にも大きな影響が出てくる
③気候への影響……オゾン層がある成層圏の大気が変化し、限られた地域で大雨になったり、

台風が大きくなったり、日照りが続く地域も出てくる
大気中のオゾン層破壊物質の濃度は、国際的な生産や消費の規制の効果により現在ゆるやかに減少しており、オゾン層は回復し始めている。これは、地球環境問題への対応がうまく機能した一つの事例である。

酸性雨

純水（中性）のpHは7であるが、通常の雨は大気中に含まれるCO_2や火山活動により生じた硫黄酸化物（SO_x）などが溶け込むのでやや酸性である。酸性雨はこれと異なり、人為的な影響によりpHがさらに酸性側になる現象で、pH5・6以下が一つの目安となる。

酸性雨のもとは、①工場、火力発電所などで石炭の燃焼などにより発生する硫黄酸化物（SO_x）、②空気と化石燃料の燃焼などにより発生する窒素酸化物（NO_x）や自動車の排出ガスなどで、これらが大気中の水や酸素と反応して硫酸や硝酸が生じ、雨などが酸性化する。

酸性雨の影響は、
①人体……髪の毛を変色させ、目・喉・鼻・皮膚を刺激する
②河川、湖沼……酸性雨は直接、地表面から、また地下水から河川、湖沼に流入して酸性化を引き起こし、pH5程度になるとプランクトンや水生植物が減少し、食物連鎖で魚類が減少する。pH4・5以下では魚は死滅し、卵も孵化しない。また酸性化した土壌から有害金属が溶

出すると水生生物を死滅させる

③土壌……土壌は、酸性雨を、多くの金属イオンの働きである程度までは中和するが、限度を超えると土中の微生物、ミミズなどが死滅し、肥沃性が失われるほか、栄養分が酸と反応して流亡する

④森林……土壌の劣化にともない、また樹冠部への付着・吸着により葉の表皮の組織が破壊され、葉の代謝機能が低下し、枯死する

⑤赤潮……有害プランクトンが発生し、生物が減少する

⑥歴史的な建造物……大理石の床、彫刻、銅の屋根などを溶かし、錆を発生させる

酸性雨のもととなる有害物質は大気の移動などによって長い距離を運ばれるので、典型的な地球環境問題である。

この問題も、地球の循環の能力を超える量の物質（硫黄酸化物）を、循環の仕組みに放出したことに起因している。

水質汚染

地球には13億km³余の水があるが、ほとんどが海水であり、淡水はわずか2・5％である。これらもほとんどが極地の氷と地下水で、アクセスできる表流水は湖沼池の10万km³、河川水2000km³と限られている。この限られた淡水の表流水が汚染されている。

水質汚染の態様としては、次のものがある。

①富栄養化……生活排水などに含まれる有機物や無機物の窒素・リンなどの化合物である栄養塩類が、藻類やプランクトンとして繁殖し、水中の酸素を消費するため、魚介類などの酸素を必要とする水生生物が生存できなくなる。これがさらに進行すると嫌気性微生物しか生存できなくなり、硫化水素などの毒性物質が生成される。前者が赤潮、後者が青潮の原因となる

②有害物質の流入……カドミウム、有機水銀などの有害物質が流入し、生物濃縮により生物に重大な影響を与える

③粘土粒子の付着……水中に溶解した粘土の細かい粒子が生物に物理的に付着し、生物に重大な影響を与える

地下水汚染は、土壌を通じた汚染であり、汚染源が特定しにくく、長期にわたり滞留する。肥料起源の硝酸態窒素による汚染は、ヨーロッパなどでは広範にわたり深刻な影響を与えている。この問題も、地球の循環の能力を超える量の物質（栄養塩類や有害物質）を、循環の仕組みに放出したことに起因している。

海洋汚染

1982年に採択された国連海洋法条約[*8]で、「『海洋環境の汚染』とは、人間による海洋環境

への物質又はエネルギーの直接的又は間接的な導入であって、生物資源及び海洋生物に対する害、人の健康に対する危険、海洋活動（漁獲及びその他の適法な海洋の利用を含む）に対する障害、海水の水質を利用に適さなくすること並びに快適性の減殺のような有害な結果をもたらし又はもたらすおそれのあるものをいう」と定義されている。

同条約は、とくに次のように海洋汚染の発生原をできる限り最小にするための措置をとるとしている。

・毒性の又は有害な物質の陸にある発生源からの放出、大気からの若しくは大気を通ずる放出又は投棄による放出
・船舶からの汚染
・海底及びその下の天然資源の探査又は開発に使用される施設及び機器からの汚染
・海洋環境において運用される他の施設及び機器からの汚染

なお、この枠外であるが、漁獲資源の乱獲が海洋における物質と生命の循環に大きな影響を与えている。

最近では海洋に流れ込むプラスチックごみが大きな問題となっている。海洋を漂流・漂着する廃プラスチック製品の多くは、浮遊性で分解されにくいため、海洋環境中に長期間存在し、海生

生物などの誤食や絡み付きなどの被害を及ぼしている。とくにプラスチック製品は、分解されずにどんどん細粒化していくため、海洋の食物連鎖の要となるプランクトンからもマイクロプラスチックが検出され、海洋生物の生存を脅かすようになっている。このことについて第3章第2節であらためて言及する。

海洋汚染は、地球の循環の能力を超える量の物質を、循環の仕組みに放出したことおよび地球に存在しなかった物質（プラスチックなど）を人類が作り出し、循環の仕組みに放出したことが主たる原因である。

森林減少

森林の役割は次のように整理される。

①生物のエネルギーと酸素の源

　地球上の生物のエネルギー源は太陽である。まず植物が太陽エネルギーを固定して酸素を放出しながら育ち、これを動物が摂取し、育つ。この植物の過半は森林で、森林の葉、幹は地上に落ちて土中の微生物に分解され、根は土中で分解され、森林の栄養分として還元されるとともに、一部は川を経由して海に流れ込み、植物プランクトンとなり、海の生物を育てる

②生物の住処

森林は生物の活動源であるばかりでなく、豊かな生態系を形成し、多くの生物の住処となっている

③水源かん養

降水を葉で受け、これを枝と幹を通じて土中に導き、地下水・河川をかん養するとともに、森の植物を通じて大気にも還元する

④土壌の形成・保護

植物の葉・幹・根、動物のふん・死骸などは微生物に分解され豊かな土壌を形成する

⑤気候緩和

エネルギーを吸収することにより、地球を冷やす

人類が農耕を始めた1万2000年前頃、森林は陸上の半分の62億haを占めていたが、1960年には41億haとなり、さらに近年の破壊により現在陸上の約4分の1の33億haまで急激に減少している。

森林破壊の要因は、大きく分けると、

①資源（木材、紙、燃料、肥料）としての利用

②土地資源（焼畑、農地開発、牧場建設、レジャー施設造成、道路建設、鉱業開発、ダム開発）としての利用

③他の地球環境破壊（酸性雨、オゾン層破壊、温暖化）による影響

となる。
以上のような森林破壊を集計すると、世界全体での森林の総消失面積は年間520万ha、日本の国土の約14%にあたる。[*9]

砂漠化

「砂漠化とは、乾燥地、半乾燥地域及び乾燥半湿潤地域におけるさまざまな要素（気候変動及び人間活動を含む）に起因する土地の劣化を言う」（United Nations Convention to Combat Desertification in Those Countries Experiencing Serious Drought and/or Desertification, Particularly in Africa：UNCCD：国連砂漠化対処条約）（1994年）

この定義の特徴は、「①乾燥・半乾燥・乾燥半湿潤の三つの地域に限っており、極乾燥地域、湿潤地域は含まれない、②起因する要素として、気候変動、人間活動に加え、これらに関係する二次的な要素を挙げている」ことである。

気候変動、とくに降水量の減少は、蒸発散量が降水量を上回り、土地の乾燥が進み砂漠化することは容易に理解できる。しかし降水量の減少は蒸発散量の減少にも起因することに、また砂漠化の進展が、さらなる気候変動のもとになることに留意する必要がある。

砂漠化に影響を与えている人間活動としては、以下のようなものがある。

①木材の利用や薪炭利用などによる森林破壊

②過放牧……牧草地が持続利用されるためには、家畜の頭数を制限し、牧草地が更新できるように適宜の移動が必要である

③過耕作……耕地が長年にわたって貯えてきた水分、養分には限りがあり、人口の増加、豊かな生活の追求のため、これを超える耕作を行なえば農地は劣化する

④不適切な灌漑……降水量の少ない乾燥地域の農地に灌漑用水を不用意に供給すると、下層に蓄積された塩類が灌漑水に溶出し、これが毛細管現象で農地表面に上昇し、乾燥により表面に蓄積して耕作不能となる。これを防ぐには、下層で塩類が溶出した灌漑水を地下で排水する（暗渠排水）ことが必要である

⑤風食・水食……砂漠化した土地は植生に乏しく、土壌も劣化していることから、風食・水食を受けやすい。これは当該土地の劣化を進めるだけではなく、風食・水食で運ばれた土壌などが堆積し、新たな砂漠化を惹起することになる

⑥その他……化学肥料・農薬の施用、鉱業開発、原爆などの実験なども報告されている

人間活動により、自然の循環機能を壊してしまい、物質と生命が循環できない砂漠化を引き起こすのである。

生物種の急激な減少

国連の呼びかけにより、95カ国から1360人の専門家が参加し、ミレニアム生態系評価

（Millennium Ecosystem Assessment：MA）が2001年から2005年まで実施された。これは、生態系の変化が人間の生活の豊かさにどのように影響を及ぼすのかを示し、生態系に関連する国際条約、各国政府、NGO、一般市民に対し、政策・意思決定に役に立つ総合的な情報を提供するとともに、生態系サービスの価値の考慮、保護区設定の強化、横断的取り組みや普及広報の充実、損なわれた生態系の回復などを提言することを目的としている。

MAの報告[*10]では、

・過去40年間で、河川や湖沼からの取水量が倍増
・1945年以降で、18世紀と19世紀を合わせたよりも多くの土地が耕作地に転換され、地表面の約4分の1が耕作地化
・1980年以降、35％のマングローブが失われた
・サンゴ礁の20％が破壊され、さらに20％がきわめて質が悪化、もしくは破壊
・窒素の海への流入量は1860年の2倍
・海産魚類資源の少なくとも4分の1は漁獲過多

というような人為的な行為による生態系の変化が生じ、

・人類により引き起こされた絶滅速度は、自然状態の100〜1000倍
・次の世紀までに、鳥類の12％、哺乳類の25％、両生類の少なくとも32％が絶滅
・生物多様性が減少し、これにより生態系サービスの変化の評価項目24のうち木質燃料、遺伝

資源、漁獲など15項目が低下している
と報告している。

環境問題は土地利用と密接に関係する

以上述べた八つの地球環境問題は、全地球的に現象を捉えたもので、具体的にはそれぞれの国、地域で対策を講じられることになるが、環境対策と密接に関係するものに土地利用がある。

CO_2は光合成により植物に吸収され、その有機廃棄物は微生物に分解されて再び植物に吸収され、有機物として再生産される。再生産されなかった（循環されなかった）廃棄物はその土地に残るか他所に流出し、環境に負荷を与えることになる。

物質循環の大きさを、循環の場である土地（水面を含む）に着目して評価したものがバイオキャパシティである。バイオキャパシティの大きさは、その土地がどのように利用されるか（土地利用）に支配される。一般に森林は農地より大きく、農地は住宅地より大きいことから、熱帯雨林を拓き、牧場やヤシのプランテーションを造成すること、農地を改廃して都市を拡大することとは、バイオキャパシティを小さくする。とくに都市における土地利用は、生きもの（生命）を介在した物質循環の場である開かれた土の面（開土面）や水の面（開水面）を塞ぐことが多い。

なお、CO_2排出を削減するため、農地に植林を進めることやバイオ燃料を生産することは、食料生産を増やすことと相反することになり、単純にはいかない面もある。

食料の確保、生活の利便性の確保、産業の振興などの諸問題を総合的に加味しながら、地球環境問題への対策を可能とする土地利用計画を作ることが大事であるが、残念ながらいまだ環境問題を考慮した土地利用計画手法は開発されていない。

なお、IPCCは2019年8月に開催された第50回総会において「土地関係特別報告書」を公表している。その「政策決定者向け要約の概要」の中には、以下のような記述がある。

・土地の状態/状況の変化は、土地利用または気候変動のいずれによるものであっても、世界全体及び地域の気候に影響を与える

・持続可能な土地管理は、持続可能な森林管理も含め、土地劣化を防止及び低減し、土地の生産性を維持し、場合によっては気候変動が土地劣化に及ぼす悪い影響を覆しうる。持続可能な土地管理はまた、緩和及び適応にも貢献しうる。土地劣化を削減し進行を逆転させることは、個々の農場から流域全体に至る規模において、費用対効果の高い、長期にわたる便益を地域社会に直ちにもたらし、適応及び緩和への副次的便益(コベネフィット)を伴っていくつかの持続可能な開発目標(Sustainable Development Goals:SDGs)を支えうる

第2節　物質と生命がともに循環して地球環境は持続する

地球の成り立ち

地球の歴史について、地球惑星物理学者の松井孝典は、要約すると次のように述べている。[*11]
地球は46億年前に誕生したといわれている。最初は熱い火の塊で、長い年月をかけて徐々に冷えてくるにしたがい、地殻、マントル、核という内部構造が形成されていき、地球の表面で大気が生まれ、38億年前に生物が誕生し、大気の成分に酸素が増えるという分化（均質な状態から異質なものがそれぞれに分かれていくこと）の道をたどってきた。分化の結果生じたいろいろな「もの＝物質圏」は、それぞれがお互いに影響を与え合いながら、それがまた新たな分化を生み出してきた。
そして、今日、地球を構成する要素間で複雑な相互作用が働き、その相互作用によって動的な平衡状態が保たれている。

なお、「分化」ということに関し、遺伝子・分子生物学者で「生命誌」という概念を提唱しているJT生命誌研究館館長の中村桂子は、現在地球上に生息しているすべての生きものは、元をたどれば38億年前に誕生した一つの先祖細胞から分化・進化したもので、ヒトもそれらの生きものの中の一つにすぎない[12]という。

地球が徐々に冷えてくるのに合わせて、地球の環境をより安定した平衡状態に保てるよう、生きものも、また長い年月をかけて分化・進化してきたといえるだろう。

地球環境保全の仕組み

物理学者の槌田敦の著書[13]を要約すれば、

「エントロピー増大の法則」というものがある。

エントロピーとは、わかりやすくいえば、「汚れ（＝利用価値のないもの）」、または「汚れの量」である。

この世界の現象はすべて、物の拡散、熱の拡散、発熱現象の組み合わせで、それぞれの現象において、エントロピーが増大する。

地球上で生じる自然現象や、太陽からのエネルギーを受け取って営まれる生命の営みも、この法則から逃れられることはなく、これらの現象や活動を通じて地球上のエントロピーを増大させている。しかし、現在、地球がいまだエントロピーの蓄積により壊滅的な影響を受けていないのは、地球に「エントロピーを地球の圏外に放出する仕組み」が存在するからである。

植物は太陽エネルギーと土からの養分（無機物）により有機物を生産し、成長する。

動物は植物を餌として摂取し、自らの体を成長させるとともに、体外へ熱を放出する。動物の排せつ物、植物や動物の死骸は、微生物により分解され、最終的には土の中に養分として戻るが、分解の過程で熱が発生し、これが大気の中に放出される。

つまり、人工的なものが加わらない状態では、生きものにかかわるすべての廃棄物は最終的に熱に変換され、その熱は大気の循環を利用して宇宙空間に捨てられることによって地球環境が保たれている。

ところで、生物は単独の種類だけでは生存できない。生物は必ず資源（他の生きものやその廃物など）を取り入れ、廃物と廃熱を捨てることによって生存しているが、単独の種類だけでは、資源が枯渇するか、もしくは廃物または廃熱の汚染を招き、滅びてしまう。

この場合、生物循環ということが大切で、Aという生物の廃物は、Bという生物の資源であって、そのBの廃物がCの資源となるように循環することによって、A、B、C……という生物種は共生できるのである。

このように、地球上での生物の循環が、さまざまな活動から生じるエントロピーを最終的に熱に変えて、また物質そのものも循環させているのである。

物質と生命の循環

無機物は地球が誕生した46億年前から地球上にずっと存在しているが、有機物は38億年前に、たぶん無機物から生み出された。生きものの体を作るもの、生きものが作るもの、生きものを原料とするものや生物的なものが有機物で、人工的に作ることができるものや無生物的なものが無機物といえよう。

生きものと物質を循環させるという視角から整理すると、次のようになる。

・植物……太陽光エネルギーを変換した化学エネルギーを利用して、空気中のCO_2と土中の無機物・水から体内に有機物を蓄え、空気中に酸素（O_2）を放出する

・動物……有機物（植物）を直接、または間接に（植物を摂取した動物を）摂取する

・微生物……有機物（植物、またはこれを摂取した動物の遺体、ふん尿など）を分解し、無機物にする

有機物が無機物化される過程は、①有機物をミミズ、ヤスデ、ダンゴムシなどの小動物が噛み砕く、②噛み砕かれたもの、小動物のふんは細菌（バクテリア）、糸状菌（カビ）、放射菌（土壌酵素）が分解し、最終的には、CO_2、H_2O、アンモニア（NH_3）、硝酸塩、リン酸などの無機物に変換される。

生命を有する生きもの、すなわち動物（ヒトもその一員）、植物、微生物は、生きものであることから、①生命を維持するために栄養物を摂取する、②個体内で生成された老廃物を排出する、③生命が尽きたときに遺体を残す。これら摂取される栄養物、排出される老廃物、残される遺体は生きもの間でやりとりされることにより物質を循環させ、物質を循環させることにより生きものも生命を循環させている。生命と物質は複雑にかかわり合いながら循環し、また生きものはお互いに支え合いながら生きている。

この循環のエネルギーは基本的には太陽エネルギーである。また、この循環には、大気に開かれた水と土の面（開水面と開土面）の存在が不可欠である。水田（開土面、開水面）を転用して造られた駐車場（閉土面）で物質や生命は循環できないことは容易に理解できるであろう。

この物質と生命の「循環」は、廃棄物などの発生を抑制し（ごみをなるべく出さず）、廃棄物などのうち有益なものは資源として活用し（ごみをできるだけ資源として使い）、適正な廃棄物の処理（使えないごみはきちんと処分）を行なうことで、天然資源の消費を抑制し環境への負荷をできる限り減らすことを目的とした「循環型社会形成推進基本法」や「循環型白書」に用いられている「循環」とは異なる。

前者は物質と生命が太陽エネルギーを受けて自ずと循環し、環境にまったく負荷を与えないが、後者は最後に残った廃棄物は埋め立てや焼却処分されることになり、少なからず環境に影響を与えるものである。

「物質と生命が循環する」ことについて一般にはほとんど認識されていない。それは、科学的な知見や関心が無機物に偏重し、生命や有機物について認識が低く、近代化した市民の生業も多くは無機物にかかわっているからであろう。

しかし、知見が乏しく関心も低い生命の循環について考えることが、今もっとも求められているのではないだろうか。

人間活動の影響が自然の許容量の限界を超えてしまった

地球環境が持続するためには、地球がいかに再生可能な資源を供給できるか、また地球がいかに廃棄物を吸収できるかにかかっている。CO_2は植物に吸収され再生され、また有機廃棄物は微生物に分解されて無機物となり、植物に吸収される。すべて太陽のもと、土や水の中の生きものの働きである。この能力を国別に人口当たりに換算した数値がバイオキャパシティと呼ばれる、持続可能な生物資源の賦存量である。また人間活動が環境に与える負荷を、資源の再生産および廃棄物の浄化に必要な面積として示した数値をエコロジカル・フットプリントと呼ぶ。これがその国のバイオキャパシティを超過したときにはオーバーシュートと呼ぶ。地球を単位にみると1970年代後半までは均衡していたが、1980年頃にはオーバーシュート[*14]し、2017年現在ではバイオキャパシティの1・7倍[*15]になっている。

超過相当分は吸収（循環）されることなく環境負荷として地球上に滞留する。

表－1　地球環境問題とその発生要因

地球環境問題	問題の発生要因			
	①	②	③	④
気候変動			◎	○
オゾン層の破壊			○	◎
酸性雨			◎	○
水質汚染		○	◎	○
海洋汚染		○	◎	○
森林減少	◎	◎	○	
砂漠化			◎	
生物種の急激な減少	◎	◎	◎	◎

注：◎は発生要因としてとくに大きなもの

エントロピーの観点からみた現在の地球環境問題

現在の地球環境問題をエントロピーの観点からみてみると、

・地球人口の増加とそれにともなう人間の活動により、もはや自然の循環機能だけではそのエントロピーを地球外に排出することが不可能になった

・産業革命以降の工業化の進展は、さまざまな地下資源を掘り起こし人間の活動に役立つさまざまな製品を生み出したが、一方で、自然界の微生物などが処理できないさまざまな廃棄物を人工的に作り出し増加させた

・また、石油文明は地下に眠っていた炭素をCO_2という形で大気中にばら撒き、既存の循環システムでは処理できる限界を超えてしまった

・微生物などの生態サイクルの処理能力を超える廃棄物によって地球は汚染されている

地球環境問題を引き起こした産業革命から今日まで

の時間は、地球の歴史からみれば一瞬のことであり、地球自体に（短期間で）エントロピーを軽減する仕組み作りを求めることは期待できない。

なぜ物質と生命が循環しなくなったのか

本章の第1節で記述した地球環境問題の発生原因を、次の4点に絞り、その関係性を整理してみると表I−1のようになる。

①生命を意識的、また無意識に殺傷し、その再生を絶った
②開水面と開土面を閉塞させるなど、循環の場を破壊した
③地球の循環の能力を超える量の物質を循環の仕組みに放出、または仕組みから収奪した
④地球に存在しなかった物質を作り出し、循環の仕組みに放出した

第3節　なぜ対応が遅れたのか——気候変動を例に

温暖化を感知することはむずかしい

図I−1と図I−2は、世界と日本の130年間にわたる年平均気温の推移を示したものである（気象庁資料）。

黒丸で表示した平均気温は毎年変動しているが、100年当たり世界は0・73℃、日本は1・

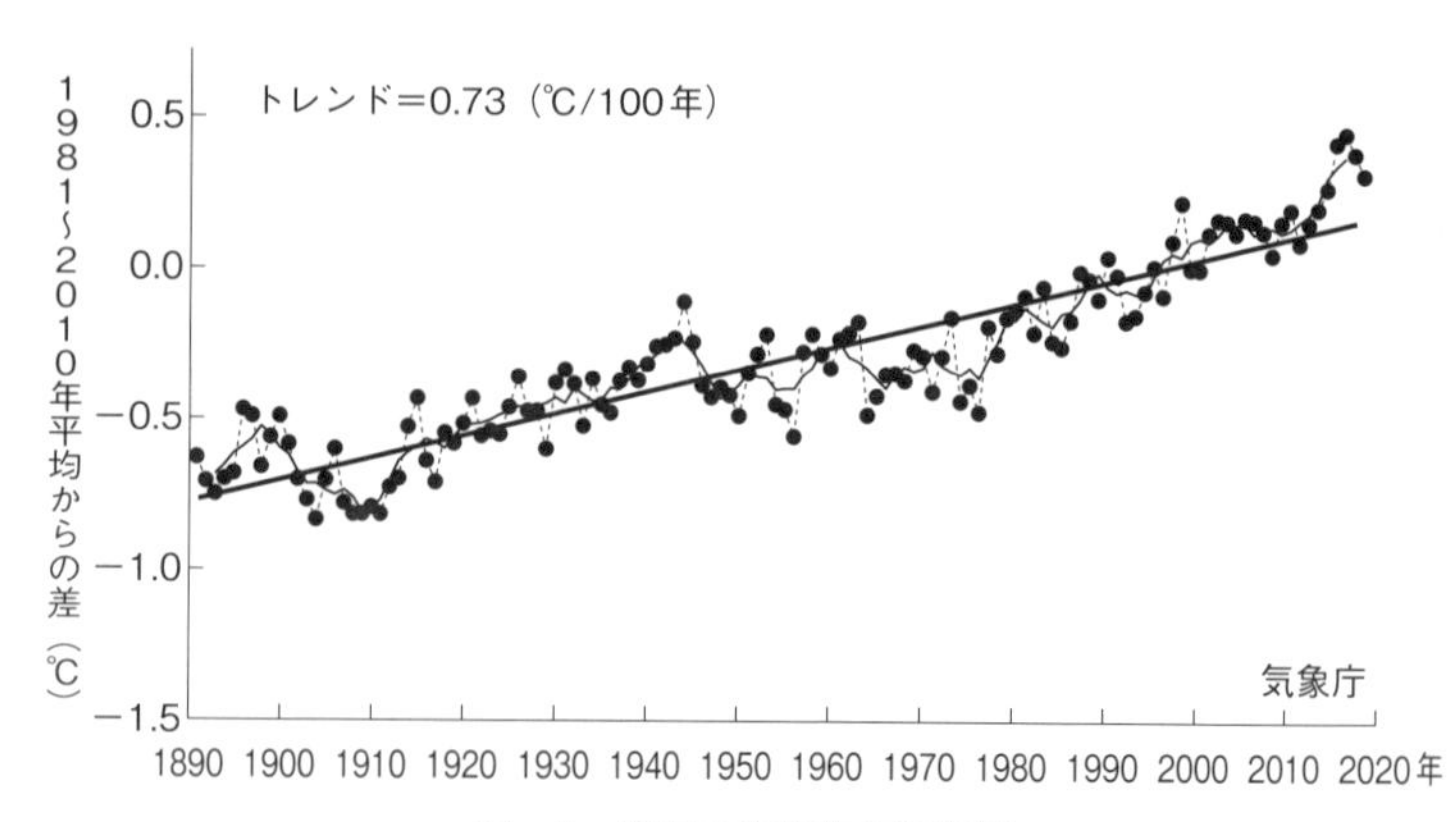

図－1　世界の年平均気温偏差

破線：各年の平均気温の基準値からの偏差、細線：偏差の５年移動平均値
太線：長期化傾向。基準値は 1981 ～ 2010 年の 30 年平均値

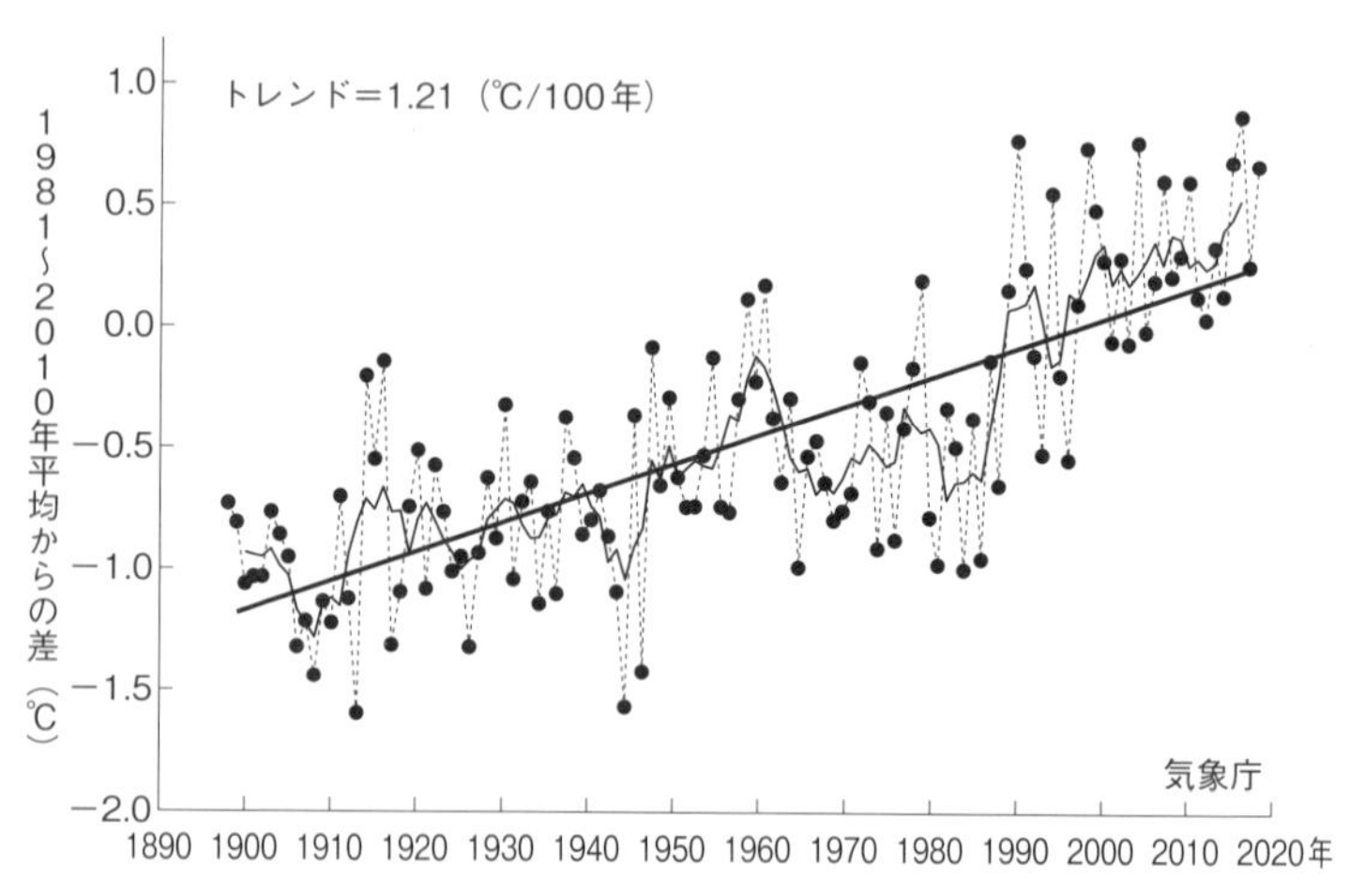

図－2　日本の年平均気温偏差

破線：各年の平均気温の基準値からの偏差、細線：偏差の５年移動平均値
太線：長期化傾向。基準値は 1981 ～ 2010 年の 30 年平均値

21℃高くなっている。しかし世界は1940年代から1970年代の間、日本は1960年代から1980年代の間は上昇していない。

このように、平均気温の変動は世界や日本の地域ごとに異なり、また年による変動幅が大きいことから、衣食住に恵まれた現代人には長期にわたる気温の上昇を敏感に感知できない。しかし、生態系は敏感である。たとえば日本においては、平均気温の上昇を反映して、南方系の常緑広葉樹や生きものが生育域を北に広げ、熱帯産の魚が本州近海に出現し、桜の開花が早まっている。

やっと危機認識が高まった

世界経済フォーラムが開催する「ダボス会議」で、毎年、今後10年間に世界が直面する「発生する可能性の高いリスク」が発表されている（グローバルリスクレポート）。2019年の発表では、世界が直面するリスクの第1位、第2位、第3位を気候変動に関するものが占めており、このような認識は5、6年前から現れていた。しかし、2013年以前には気候変動に対する認識はきわめて低く、IPCCの設立が1988年、気候変動に関する国際連合枠組条約が締結された「リオ・サミット」の開催が1992年、条約の交渉会議である第1回「国連気候変動枠組条約締約国会議（the Conference of the Parties to the United Nations Framework Convention on Climate Change：COP）」の開催が1995年であることを考えると、あまりに遅れた危機認識といわざるを得ない。

ダボス会議には世界を代表する政治家や実業家が一堂に会するといわれるが、彼らの認識はこの程度のものなのだろうか。

本章第1節で挙げたように多様な地球環境問題が存在するが、これが広く認識され、対策が講じられ、地球環境を回復するということは、きわめてむずかしいことではないだろうか。ジャレド・ダイアモンドはその著『文明崩壊』[*16]で、環境を破壊し消滅した文明などの例を引きながら、「社会が破滅的な決断」を下す要因を次のように整理している。

①問題が生まれる前に、集団が、それを過去に経験のないことから、また誤った類推にもとづき、予期することに失敗

②問題が生まれたとき、集団が、それを文字どおり感知できず、あるいは現場から離れていたり、問題が振幅の大きい上下動に隠されたゆるやかな傾向の形をとることから、感知することに失敗

③問題を感知したあと、解決を試みることに失敗

④問題を予見し、感知し、解決を試みたとしても、失敗する可能性

科学技術が進歩し、豊かな生活を享受している現代社会において、人類が気候変動について破滅的な決断を下していないか、具体的にみてみよう。

問題が生まれる前に、予期することに失敗

地球上のいろいろな物理現象の中で、気候や気象は人々が日々もっとも関心をもっていることであるが、地球規模の気温の変動を感知することはきわめてむずかしい。しかし科学の世界では、すでに1800年代にはCO_2などが温室効果ガスであることが発見されていたようである。また1900年代半ばには、地球の気温とCO_2の関係性が指摘され国際地球観測年の1957年と1958年には、それぞれ南極とハワイでCO_2濃度と平均気温の観測が始まったが、地球温暖化について国際的な研究が始まったのは1970年頃と遅れた。

問題が生まれたとき、感知することに失敗

地球表面の気温は時々、日々、また年により変動するが、長い期間でみるとほぼ一定に保たれており、これが変動していることを知ることはむずかしい。地球規模で、私たちが経験したことのないものに変わりつつあるとの具体的な報告、たとえば世界各地の氷河の後退、異常高温、大雨・干ばつの増加による災害、開花の早まり、農作物作期の変動などから、やっと理解できるにすぎない。

世界の平均気温の急激な上昇は、自然現象とは考えにくく、産業革命以来人類が使い続けてきた化石燃料が放出するCO_2の影響があると考えられ、1988年に国連と世界気象機関によりIPCCが設立され、国際機関、研究者が集まって検討が始められた。IPCCでは気候変動に

関する２５００人以上の科学者の研究成果を次の三つの作業部会でまとめている。

第１作業部会　気候システムと気候変動の科学的知見の評価

第２作業部会　社会経済システムや生態系の脆弱性、気候変動の影響と適応策の評価

第３作業部会　温室効果ガスの排出抑制と気候変動の緩和策の評価

ＩＰＣＣは、気候変化に関する科学的な判断基準の提供を目的として、数年おきに地球温暖化に関する「評価報告書」を発行している。本来は、ＩＰＣＣは後述する気候変動枠組条約とは直接関係のない組織であったが、条約の交渉に報告書が活用されたことなどから、条約の実施にあたっての科学的調査を行なう専門機関の作業を代行している。ＩＰＣＣ自体は政策提言などを行なうことはないが、実質的には大きな影響力をもっていることから、「政策決定者向けの要約」の発表に至るまで、非常に注意深く中立性と透明性が確保されている。

ＩＰＣＣの温暖化モデルも進歩し、地球温暖化は人間活動によるものかについての確度は、次のように報告を重ねるたびに向上している。

１９９０年「多くの不確実性がある」

１９９５年「示唆される」

２００１年「可能性が高い」（66～90％）

2007年「ほぼ断定」(90%以上)
2013年「可能性がきわめて高い」(95~100%の確率)
しかし、地球温暖化が人間活動による「可能性がきわめて高い」とするまでにIPCC設立以来4分の1世紀を要した。
2013年の第5次第1作業部会報告書の要点は以下のとおりである。
・気候システムの温暖化には疑う余地はない
　気温、海水温、海水面水位、雪氷減少などの観測事実が強化され温暖化していることが再確認された
・人間の影響が20世紀半ば以降に観測された温暖化の支配的な(dominant)要因であった可能性がきわめて高い(95%以上)
　IPCC第4次評価報告書では「可能性が非常に高い」であったが、さらに踏み込んだ表現となった
・今世紀末までの世界平均気温の変化は0・3~4・8℃の範囲に、海面水位の上昇は0・26~0・82mの範囲に入る可能性が高い
・気候変動を抑制するには、温室効果ガス排出量の抜本的かつ持続的な削減が必要である。
・CO_2の累積総排出量とそれに対する世界平均地上気温の応答は、ほぼ比例関係にある

最終的に気温が何度上昇するかは累積総排出量の幅に関係する

またIPCCは気候を安定させるためには

・人為的なCO_2排出のみによる温暖化を、ある確率で1861～1880年の平均から2℃未満に抑えるには、同期間以降のすべての人為的発生源からの累積CO_2排出量を一定の範囲に制限する必要がある。CO_2排出量はGtC（ギガ［10^9］トン炭素）で表現され、たとえば50％超の確率の場合では820GtCに制限する必要があるが、すでに2011年までに515GtCが排出されている

と報告している。

しかし、依然として「地球は寒冷期に向かっている」など温暖化を否定する科学者や、いわゆる「不都合な真実」を感知しないことを装う指導者は絶えない。

解決にはグローバルな取り組みが不可欠

「気候変動に関する国際連合枠組条約」は、1992年の「環境と開発に関する国際連合会議（リオ・サミット）」において採択された地球温暖化問題に関する国際的な枠組みを設定した環境条約で、1994年に発効している。その最高意思決定機関であるCOPは、規定により毎年開催され、1997年のCOP3では、先進国が約束期間において温室効果ガスの排出を削減することを定めた「京都議定書」が採択された。

「京都議定書」には、排出量の多いアメリカは参加せず、同じく中国、インドなどは先進国に含まれないため、削減義務の対象となるのは、世界全体の3割程度にしかならなかった。加えて削減目標値の算出基準が必ずしも公正ではないなどがあり、第1約束期間が終わる2013年以降には、日本、ロシア、ニュージーランドなど先進国の一部が議定書の下で目標を掲げることを拒否している。

IPCC第5次報告書を受けて、2015年12月に開催されたCOP21では、2020年以降の地球温暖化対策にすべての国が参加して、世界の平均気温上昇を、産業革命から2℃未満、できれば1・5℃に抑えるため、今世紀後半に人間活動による温室効果ガス排出量を実質的にゼロにしていくとの方向が打ち出され、すべての国が排出量削減目標を作り提出することと、その達成のための国内対策をとっていくことが義務付けされた（パリ協定）。

パリ協定の実行のためには、炭酸ガスの総排出量を適正に管理することが重要で、経済・社会システムを低炭素なものへ転換させるパラダイムの転換が求められている。

なお、パリ協定を成功させるためには、現段階の各国の排出量削減に関する約束草案（これでは2℃の目標は達成できない）を段階的に強化することができるか、各国の2030年削減目標の強化を対話で促進できるかにかかっている。

2℃と1・5℃の違い

パリ協定は、「世界的な平均気温上昇を産業革命以前に比べて2℃より十分低く保つとともに、1・5℃に抑える努力を追求する」ための国際間の協定であるが、パリ協定に先立ち、気候変動影響の避けるべき危険レベルとして「産業革命後の気温上昇を2℃以内に抑える」という目安（一般的に「2℃目標」と呼ばれている）が、メキシコのカンクンで開催されたCOP16（2010年）で合意されている。

IPCCによれば、2℃上昇と比べて、1・5℃上昇の場合は、

- 熱波や豪雨については、極端現象が少なくなる
- 2100年までの海面上昇は10㎝程度少ないが、数世紀にわたって上昇は続く
- 海面上昇によって影響を受ける人数は1000万人少なくなる
- 生物多様性のロスや種の絶滅はより少ない
- トウモロコシ、コメ、小麦の生産量の減少の割合が少なくなる（とくに東南アジア、中央アメリカ、南アメリカ）
- よりきびしい水不足にさらされる世界人口が50％少なくなる
- 漁業への影響や、漁業で生計を立てている人々の暮らしへのリスクが少なくなる
- 2050年までに、気候に関連したリスクや貧困の影響を受けやすい人々の数は数億人少なくなる

ことから、パリ協定では、「世界的な平均気温上昇を産業革命以前に比べて2℃より十分低く保つとともに、1・5℃に抑える努力を追求する」こととされたものである。

IPCC特別報告書

COP21からの要請を受け、IPCCは2018年10月に「1・5℃の地球温暖化に関するIPCC特別報告書」を公表している。その要点は以下のとおりである。

・温暖化が人類の対策を上回るペースで進行しており、現状のままなら早ければ2030年、遅くとも2050年までに地球の平均気温は産業革命前と比べて1・5℃以上上昇する可能性が高い

・気候変動にともなう国際的な混乱を回避するため、社会と世界経済を「未曽有の規模」で変革する必要がある

・気温上昇を1・5℃に抑えれば、2℃に抑えた場合と比べ、かなり重要な点で気候変動の影響を大きく減らすことが可能

そして、温暖化を抑制するために世界経済を「未曽有の規模」で変革するには、エネルギー、土地利用、都市、産業の四つの世界的なシステムに急速かつ大きな変化を起こさなければならないとしたうえで、個人が変わることなしに世界は目標を達成できないとも付記し、下記の具体的な取り組みを呼びかけている。

・肉、牛乳、チーズ、バターの購入を控え、地元で採れた旬のものを購入し、これらを無駄にしない
・電気自動車を運転する。ただし、短い距離は徒歩で行くか自転車を利用する
・飛行機の代わりに電車やバスを使う
・出張の代わりにビデオ会議を活用する
・洗濯物を乾かす際には、回転式衣類乾燥機でなく物干しを使う
・住宅を断熱処理する
・消費財すべてに低炭素を求める

パリ協定は成功するか

現段階の各国の約束草案では2℃の目標は達成できないことから、各国の2030年削減目標をいっそう強化しなければならない。各国は排出量削減に関するさらに強化された削減目標を持ち寄ることができるだろうか。また国際的に合意した削減目標を各国は実行できるのだろうか。いずれも利害をともない、公平な削減値を見つけることはきわめてむずかしい。

なぜ「肉、牛乳、チーズ、バターの購入を控える」ことが求められているのか。牛は温室効果ガスであるメタンを大量に排出する。また、放牧・採草するために炭酸ガスを吸収するはずの森林が破壊される。食料確保の面からみても、1kgの牛肉を生産するのに10kgの穀物を必要とし効

率が低い。しかし、このことを理解できたとしても、肉、牛乳、チーズ、バターを嗜好する者、これらの生産や加工、流通にかかわって生計を立てている者には耐えがたいことであり、政治家、政策決定者にとってもむずかしい課題となる。

共同で利用・管理する水利や入会地などの共有資源（コモンズ）を個人が利己的に利用するようになると、共有資源が持続的に利用できなくなり、結果的に共倒れする（コモンズの悲劇）ので、この悲劇が起こらないように世界各地に第2章第2節で述べる〈水土の知〉が培われてきている。地球温暖化など地球環境問題は人類の共有財産である地球（グローバル・コモンズ）におけるコモンズの悲劇である。地球環境のような公共財や共有資源にコモンズの悲劇を生じさせないためには、政府や市場に加えて地域社会が補完的な役割を果たせるのだろうか。はたまた、一人ひとりが地球環境問題を正しく正面から捉え、牛の飼い方や森林破壊を抑えることに直接かかわることができない代わりに日常の生活でその購買を控える行動をとってくれるのであろうか。

地球環境問題は、第1章第1節で論じたように、さまざまなものがある。このうち、地球温暖化とCO_2の削減に関する問題は、気候変動が比較的身近に感じられるようになってから、その対策について議論が深まってきた。しかし、この問題についても解決の見通しは立っていない。窒素による汚染や生物多様性の喪失に関する問題は、個々人が直接身近に感じられるものではないだけに、その解決には、さらに困難がともなうだろう。

地球環境問題の解決に失敗しないために、そして文明を持続させるためには、政府にも政策決定者にも、市民一人ひとりにもパラダイムの転換が求められているのは間違いないことであろう。

今人類は、気候変動を解決できるのかどうか、その成否を問われている。

第4節　文明と環境

人類は他の生物と異なり、優れた知能をもつ。自然をさまざまな形で利用、活用し、地球上にかつてない文明を築きあげた。

人類が農耕を営むようになったのはおよそ1万2000年前、都市文明を営むようになったのは数千年前である。それが、今日では、人類文明と地球の自然、資源とが両立しうるかという次元に至っている。

今日の環境問題とは、人間と地球の自然、資源の関係の問題であると捉えるべきであろう。

これは、地球の歴史という視点でみれば、きわめて短い期間のうちに逢着した問題であり、これからの人類の生存、発展のためには乗り越えていかねばならない問題である。人新世の課題といえよう。

今日の環境問題を考えるにあたり、まず、人類の文明と環境についての歴史を振り返ってみよう。

古代文明が示す環境問題

世界史では、文明発祥の地として、エジプトのナイル川流域、メソポタミアのチグリス・ユーフラテス川流域、インダス川流域、中国の揚子江・黄河流域、少し下ってギリシア、ローマを挙げる。

それぞれの文明に環境問題とのかかわりが生じているが、ここでは、メソポタミアのシュメール文明、インダス文明、紀元後に入ってからのものであるがイースター島文明について考えてみたい（以下（1）～（4）は『平成7年版環境白書』による）。

（1）シュメール文明

シュメール文明は世界最古の文明の一つで、メソポタミア南部のチグリス・ユーフラテス河流域で生まれた。6000年前頃に治水灌漑農業が成立、麦をメソポタミア南部のウルの都市に供給し、シュメール文明は繁栄した。シュメール文明は2000年ほど続いたが、以下の事情で衰亡した。

灌漑により長年にわたり麦生産を続けた結果、灌漑用水に含まれる塩類がしだいに土壌に蓄積した。また、都市化にともない、建材・燃料として周辺、ついには奥地山林まで木材伐採が続いたことで土壌流失が進む。河川に流入した土が下流に堆積し灌漑用水路を閉塞、沈泥には塩類が含まれ塩害を加速した。こうしたことから麦の生産力は急減し、4000年前頃にはシュメール帝国は崩壊、文明の中心は北方のバビロニアに移っていった。

(2) インダス文明

インダス文明は4500年前頃、モヘンジョダロを中心にインダス河流域に成立した都市文明である。文明を支えたのは氾濫灌漑農業で、インダス河の毎年の氾濫による沈泥を利用して農業を営み繁栄したが、3500年前頃に滅亡した。

滅亡の原因については、アーリア人の侵攻、大洪水、河道移動など諸説があるが、気候変動によるとする説は、次のように説明する。

5000年前以降、気候が寒冷化して西ヒマラヤ一帯の積雪量が増え、ヒマラヤから流れ出る河川は春先の流水量が増加、氾濫して氾濫灌漑農業の発展を可能にし、インダス都市文明が形成された。しかし、ユーラシア大陸が再び温暖期に入り、積雪量が減り、春先の流水量が減ったことで、3500年前頃に、河川氾濫に依存した農耕社会は大きな打撃を被り、インダス文明は衰退したとする。

(3) イースター島文明

イースター島は面積1万2000haの太平洋の孤島で、人が住み着いたのは5世紀頃といわれる。

当時は、少ないとはいえ高木を含む植生が島を覆い、人々は芋を栽培、鶏を飼って食料にして生活していた。人口は徐々に増えたが、なぜか巨大な石像（モアイ）建設が行なわれるようになった。人力しかない島内では、樹木を伐り、木をコロにして巨石を運び、島内の300を超える祭祀所に1～15体の石像が建てられた。そのための森林伐採で島の森林は激減し、ついには漁労の船も造れなくなり、森林伐採による裸地の増加で土壌が流失し農作物の収量も低下。1550年頃には7000人に達した人口を支えることができなくなり、枯渇する資源をめぐって恒常的な戦乱が続き、文明は崩壊した。1774年にジェームス・クックがこの島を調べたときには、600～700人の人々が原始的な生活をしていたとされる。

（4）三つの文明の崩壊の原因

・シュメール文明は、灌漑という文明技術がもたらした塩害と都市文明繁栄のための森林伐採が原因で衰亡した
・インダス文明は、気候変動の影響で衰亡した
・イースター文明は、生活の基礎である森林資源を失うことによる悲劇を見通せなかったのか、あるいは、気づいていても石像建設という時の勢いを止めることができなかったのか、いわば人間の愚かさで衰亡した

これらの因果関係は、今日、われわれが直面している事態の結末を暗示しているともいえよう。

当時は、地球の人口も少なく、一つの文明が滅びれば、また、新しい土地に移って文明を再建することも可能であった。しかし、現代では、世界中、居住可能なすべての地に国家は存在しており、ある文明の崩壊で民族移動が起これば大動乱が起こるであろう。

中近世の環境問題

中近世にいたるまで、自然は人間生活を豊かにする源であると同時に、その脅威には抗することがむずかしい存在であった。人々は自然との共生を図るとともに、敬い、そして、畏れてもいた。

台風、洪水、地震、日照りが起これば、飢饉となり、疫病流行につながった。世界中が同様であり、日本もその例外ではない。

中近世には多くの都市が営まれたが、廃棄物、ふん尿などによる衛生環境の悪さが都市生活の最大の欠陥であり、疫病流行の原因ともなった。日本でも7世紀末に藤原京、8世紀初めに平城京、8世紀末に平安京が営まれたが、上記の問題を抱えていた。

この点、徳川時代の江戸は人口100万人の当時世界一の大都市であるが、当時としては世界一清潔な街とされている。ふん尿の処理がうまく行なわれた稀有の例であろう。江戸時代の人口は3000万人、主力産業であるコメ生産は3000万石といわれるが、農業経営はふん尿、そして、ワラを堆肥、灰肥料として利用し、循環型の農業が営まれていたことによる。

公害が環境問題であった時代

今日の文明、豊かな経済社会実現の始まりは18世紀に始まる産業革命にある。産業革命は工業生産の飛躍的な増大をもたらし、生活レベルの向上、人口増加につながった。しかし、産業発展の負の面、公害問題はなかなか社会の重要課題として取り上げられなかった。

日本についていえば、公害問題が顕在化し、本格的に問題として意識されたのは昭和30年代になってからである。それは、経済の高度成長、急速な重化学工業化の時代と重なる。水俣病、四日市喘息、イタイイタイ病に代表される公害問題が顕在化し、訴訟で争われた。

硫黄酸化物（SO_x）、窒素酸化物（NO_x）、粉塵などによる大気汚染、産業・生活排水などによる水質汚濁、化学物質による土壌汚染、地下水汲み上げによる地盤沈下、工場・交通などによる騒音・振動・悪臭などが問題となり、さらに、都市生活では光化学オキシダント、ヒート・アイランド現象などが問題とされた。

農業は、化学肥料の使用により食料生産が急増、また、輸入飼料により畜産が振興したが、日本の農地には窒素が蓄積され、水辺の富栄養化、地下水の硝酸態窒素による汚染などの問題を生じている。

公害問題について、昭和40年代末から50年代にかけて、精力的な対応が行なわれた。環境庁ができたのも1971（昭和46）年である。

公害については、その原因となる物質、排出者が特定可能であった。原因となる事態への公的規制による発生防止、環境汚染などに関して原因者負担（ＰＰＰ原則：Polluter Pays Principle）による被害者救済、私企業や国、地方団体による公害対策などの措置がとられ、公害対策技術の進歩もあって事態は急速に改善されてきた。

今日でも規制違反は起こるし、新たな公害も生じてはいるが、昭和30年代、40年代のような深刻な事態は克服されているといえよう。どの先進国でも日本と同様な状況で、開発途上国も先進国の経験と開発された技術で手立てを講じ、解決していくことになろう。

公害問題については、対応する制度、技術があり、なければ対応措置を作っていくことが可能である。また、公害問題については、国民の意識の高まり、周囲の監視の目もあって、乗り越えうる問題となっている。

今日、問題となっているのは、より根の深い今日の文明のあり方、そして、人類の未来にかかわる問題である。

今日の環境問題

（１）今日の環境問題とは何か

20世紀末、少なくとも20世紀中頃までの世界は、劣化しない自然の存在を前提としていた。それまで、人類は、大気、水、森林、石油・石炭などのエネルギー源、各種の原材料などの資源は自然界に無限に存在し、人間の生活廃棄物、産業廃棄物も自然が浄化してくれることを前提として社会を営んできた。そして、それが可能であった。自然は、人類に生存をもたらしてくれる巨大な存在であり、同時に畏怖すべき存在であった。

しかし、今日、地球温暖化、生物種の急速な減少、森林減少、砂漠化、海洋汚染、資源の減少・枯渇など地球規模での問題が生起し、深刻な問題として人々に認識されるに至っている。人間活動の影響が自然の許容量の限界に近づいた、あるいは、限界を超えてしまったのではないかという危惧である。それは、人類の文明発展の結果が招いた問題であり、これから人類が存続、発展を続けていくためにはこの問題への対応を考え、乗り越えていかねばならない人新世の課題である。

(2) 生起している問題の原因

20世紀の科学技術の進歩は、豊かさと長寿という人類普遍の夢を実現させてくれたが、それは人口の激増を招来した。

ホモサピエンスと呼ばれるわれわれ人類が生まれたのは20万年前のアフリカである。5万〜10万年前頃にアフリカ大陸からユーラシア大陸に拡散し、さらに当時、寒さで凍結していた海を渡り、アメリカ大陸まで拡散した。日本にも4万年前頃にはホモサピエンスが住み着いたとされる。

それから長い間の石器、狩猟採取の生活が続き、農耕社会が営まれるようになったのがおよそ1万2000年前であった。

農耕社会の実現は、革命ともいえる人類飛躍の一歩であった。1万年前頃には地球上に400万人であったと推定される世界人口は、農業耕作が始まり、紀元0年頃には3億人にまで増えたと推定されている。

そして、驚異的な人間社会の発展は18世紀に始まる産業革命からであった。その飛躍的な発展を端的に示すのが人口増加である。

1750年の人口7・9億人が1900年には16・5億人に増加。20世紀の増加は凄まじく、1950年には25億人、2000年には61億人へと激増している。そして今後、人口は90億人余まで増加すると見込まれている。

2018年現在の地球は76億の人口を養っているが、さらに、90億まで増加する人口を養っていく余裕があるのか。同時に、激増した人口の地球にもたらす影響は深刻なものとなっている。激増した人口は大量消費と大量廃棄をもたらした。それが地球温暖化、生物種の減少、各種の汚染など地球規模の環境問題を引き起こしている。

人類が科学技術を進歩させ、人類の幸福へと近づくことで引き起こした問題である。他方、そうした豊かさの恩典は世界のすべての人々に行きわたったわけではない。世界には経済社会の発展度合いの違いが存在し、豊かさを享受できない多くの人々、貧困と不平等への不満が存在する。それは、各国国内にもあるが、より基本的には先進国と途上国の間に存在する。こうしたことが世界に多くの騒擾、紛争を引き起こしている。

参考文献

＊7　環境省「ＩＰＣＣ第5次評価報告書の概要―第1作業部会（自然科学的根拠）―」（２０１４）
＊8　「海洋法に関する国際連合条約」http://worldjpn.grips.ac.jp/documents/texts/mt/19821210.T1J.html
＊9　「世界の森林と保全方法」https://www.env.go.jp/nature/shinrin/fpp/worldforest/index1.html
＊10　「ミレニアム生態系評価の概要」（２００６）
http://www.env.go.jp/press/file_view.php?serial=11347&hou_id=9660
＊11　松井孝典『我関わる、ゆえに我あり―地球システム論と文明―』集英社新書（２０１２）
＊12　中村桂子「生命を基本におく社会―農の持つ力への期待―」農業農村工学会誌第77巻10号（２００９）
＊13　槌田敦『エントロピーとエコロジー―「生命」と「生き方」を問う科学―』ダイヤモンド社（１９８６）
＊14　ＷＷＦジャパン「JAPAN ECOLOGICAL FOOTPRINT REPORT 2009」（２０１０）
＊15　ＷＷＦジャパン「日本のエコロジカルフットプリント２０１７最新版」（２０１７）
＊16　ジャレド・ダイアモンド著、楡井浩一訳『文明崩壊　下』草思社（２０１２）

第2章 文明が持続するための働きかけ

増加する人口に食料と豊かさを適切に分かち合い、文明を持続するために問題認識の共有と解決への協働が呼びかけられている。例を挙げる。

一つは、世界は、1987年の環境と開発に関する世界委員会以来、持続可能な開発の道を探求してきたが、2015年の「国連持続可能な開発サミット」で、世界の課題を経済的、社会的、環境的側面を統合的に取り上げ、立場の異なる者同士の間をとりもつ「共同言語」となる17の目標（goal）と169の具体目標（target）からなる、持続可能な開発目標（SDGs）を採択した。

二つは、世界には物質と生命を循環させ、文明を持続発展させてきた知恵〈水土の知〉が長年にわたり培われてきており、これを地球環境問題に新たに展開することが、日本の農業農村工学会から発信されている。

これらの取り組みの基底には、現象を個別に捉えるのではなく全体を捉えること、対策の統合化・総合化を図ることが大切なことを訴えている。

第1節　環境と経済と社会の統合――SDGs

「持続可能な開発」とその系譜

「持続可能な開発目標（ＳＤＧｓ）」とは、２００１年に策定された「ミレニアム開発目標（Millennium Development Goals：ＭＤＧｓ）の後継として、２０１５年9月の国連サミットで採択された「持続可能な開発のための２０３０アジェンダ」で記載された国際目標で、持続可能な世界を実現するため「貧困の根絶」、「働きがい」、「気候変動への対策」など、世界が達成すべき17の環境や開発に関する目標を掲げ、国際社会に２０３０年までの実現を求めている。

今日、ＳＤＧｓの3本柱として「環境」、「経済」、「社会」が広く認識されるようになったが、これに至るまでの系譜を簡単にたどってみる。

①１９７2年、ローマクラブは「成長の限界」で資源の有限性、環境面での制約から１００年以内に地球上の成長は限界に達すると、初めて警鐘を鳴らした。

②１９８7年、ブルントラント委員会（環境と開発に関する世界委員会）は、「われら共通の未来（Our Common Future)」で、持続可能な開発を「将来世代が自らのニーズを追求す

る能力を損なうことなく現在世代が自らのニーズを追求するような開発」（荘林幹太郎訳）と定義した。

③１９９２年の「環境と開発に関する国連会議（地球サミット）」では、持続可能な開発を実現するための行動原則である、「環境と開発に関するリオ宣言」と、具体的な行動計画である「アジェンダ21」が採択された。またこの会場で「気候変動枠組条約」と「生物多様性条約」の署名が行なわれた。

④２０００年国連ミレニアムサミットにおいて、「国連ミレニアム宣言」が採択され、２０１５年を達成期限とする、開発分野における国際社会の八つの共通目標からなる「ミレニアム開発目標（ＭＤＧｓ）」がとりまとめられた。

⑤２００２年「持続可能な開発に関する世界首脳会議（ヨハネスブルクサミット）」で、持続可能な開発においては「経済」、「社会」、「環境」の三つが柱となるという考え方が広く認識されるようになった。

⑥２０１２年の国連「持続可能な開発会議（リオ＋20）」では、あらゆる側面で持続可能な開発を達成するために、経済的、社会的、環境的側面を統合することが議論され、成果文書「我々が望む未来（The Future We Want）」が出された。

⑦ＭＤＧｓは２０１５年までにおおむね達成されたが、経済成長が解決できない不平等・格差や栄養失調など社会的課題が認識された。

⑧2015年の「国連持続可能な開発サミット」では、「我々の世界を変革する（Transforming our world）持続可能な開発のための2030アジェンダ」が採択された。これにより開発課題を議論してきたMDGsを中心とする流れと、持続可能な開発を議論してきたリオ＋20の流れが一本化され、「誰一人取り残さない（No One Left Behind）」という考えのもと、立場の異なる者同士の間をとりもつ「共同言語」となり、また17の目標と169の具体目標からなる、持続可能な開発目標（SDGs）が採択された。なお、SDGsにはプラネタリー・バウンダリーの考えも組み込まれている。

このように、2015年になって初めて、「持続可能な開発」の3本の柱である「環境」、「経済」、「社会」が一つの目標の下に統合されたのである。

地球環境問題は経済発展の後に考えるものではない。豊かさは健全な地球環境に依存しており地球環境問題は社会経済問題でもあることを理解するのに、1972年以来40年余を費やしたことになる。

なお、日本の環境基本計画は、2006（平成18）年の第3次計画において、すでに「環境・経済・社会の統合的向上」をテーマとしていた。

SDGsの目標およびMDGsの目標を対比すれば次のようになる。

○ＭＤＧｓの目標

1　極度の貧困と飢饉の撲滅
2　普遍的初等教育の達成
3　ジェンダーの平等の推進と女性の地位向上
4　乳幼児死亡率の削減
5　妊産婦の健康の改善
6　ＨＩＶ／エイズ、マラリア及びその他の疾病の蔓延防止
7　環境の持続可能性の確保
8　開発のためのグローバル・パートナーシップの推進

○ＳＤＧｓの目標

1　あらゆる場所のあらゆる形態の貧困を終わらせる
2　飢餓を終わらせ、食料安全保障及び栄養改善を実現し、持続可能な農業を促進する
3　あらゆる年齢のすべての人々の健康的な生活を確保し、福祉を促進する
4　すべての人々への包摂的かつ公正な質の高い教育を提供し、生涯学習の機会を促進する
5　ジェンダー平等を達成し、すべての女性及び女児の能力強化を行なう
6　すべての人々の水と衛生の利用可能性と持続可能な管理を確保する
7　すべての人々の、安価かつ信頼できる持続可能な近代的エネルギーへのアクセスを確保す

る

8　包摂的かつ持続可能な経済成長及びすべての人々の安全かつ生産的な雇用と働きがいのある人間らしい雇用を促進する

9　強靭（レジリエント）なインフラ構築、包摂的かつ持続可能な産業化の促進及びイノベーションの推進を図る

10　各国内及び各国間の不平等を是正する

11　包摂的で安全かつ強靭（レジリエント）で持続可能な都市及び人間居住を実現する

12　持続可能な生産消費形態を確保する

13　気候変動及びその影響を軽減するための緊急対策を講じる

14　持続可能な開発のために海洋・海洋資源を保全し、持続可能な形で利用する

15　陸域生態系の保護、回復、持続可能な利用の推進、持続可能な森林の経営、砂漠化への対処、ならびに土地の劣化の阻止・回復及び生物多様性の損失を阻止する

16　持続可能な開発のための平和で包摂的な社会を促進し、すべての人々に司法へのアクセスを提供し、あらゆるレベルにおいて効果的で説明責任のある包摂的な制度を構築する

17　持続可能な開発のための実施手段を強化し、グローバル・パートナーシップを活性化する

SDGsの特徴

ＳＤＧｓは次の特徴をもつ。

一つには、ＭＤＧｓは発展途上国を対象としていたが、ＳＤＧｓは「誰一人取り残さない」という考えのもと、世界の課題を網羅的に取り上げており、環境、経済、社会の課題を統合的に扱い、課題相互間の関係を重視し、複数課題の同時解決を目指していること。

二つには、これまでの条約を基軸とした国際制度ではなく、マルチステークホルダー・パートナーシップ（多様な利害関係者による協働）による自主的な対応目標となっていること。環境、経済、社会の課題を統合的に扱い、課題相互間の関係を重視し、複数課題の同時解決を目指すためには、国際機関、民間企業、市民社会、研究者などの多様なステークホルダーが関与することが不可欠である。ＳＤＧｓはとくに影響力が大きく、問題解決に自ら対応せざるを得なくなったグローバル企業が関与するプロセスをとっている。

三つには、目標とターゲットが課題解決型であること。むずかしいことであるが、人の幸せ、生きがいといった、人が生きるに値する地球を創り上げ、それを持続させることの重要性を、広く理解させる努力が必要である。環境教育の役割が大きくなる。

ＳＤＧｓは、世界で好評裏に受け入れられているようである。

目標、ターゲットが多く、企業などのさまざまなステークホルダーが行なう一つの活動が複数の目標、ターゲットに対応するなど、一見複雑にみえるが、どのような活動もいくつかの目標、ターゲットに該当することから取り組みやすく、また規制的でなく自主的であることから、新たなビジネスチャンスとして取り組みやすいなどによるのであろう。

日本政府の取り組み

政府は2016（平成28）年に「持続可能な開発目標（SDGs）推進本部」を置き、円卓会議でビジョン、八つの優先課題と具体的施策をとりまとめ、その後「持続可能な開発目標（SDGs）実施方針」を、また2017年には日本ならではの「SDGsモデル」を構築した「SDGsアクションプラン2018」と「SDGsアクションプラン2019」を決定している。また、「経済財政運営と改革の基本方針2018」、いわゆる「骨太の方針」および経済成長の道筋を示す「未来投資戦略2018」にSDGsが盛り込まれた。

以上のようなことから、今後SDGsにかかわる各府省庁の政策が強化されるのではないだろうか。

第2節　人類が育んできた叡智を習う――日本からの発信

叡智が育まれて文明は持続してきた

文明は興亡を繰り返しながらも叡智を育み、今日まで持続してきた。その叡智は洋の東西を問わず世界に広く展開されてきた。例を挙げよう。ヴィクトル・ユゴー、『レ・ミゼラブル』[*17]の一節である。

「科学は長い探求の末、今日では、肥料のうちで最も養分の多い、最も有効なのは人肥であると知った。（中略）統計は、フランスだけで毎年5億フランを諸河口から大西洋に流出する、と計算している。（中略）人間の賢さは、この5億を川に投げ捨てる方がいいと思っている程度である。……このことから二つの結果が生じる。つまり、土地は痩せ、水は汚染する。飢えが田畑から生じ、病気が川から生じる。……この驚くべき無能は、事新しいことではなく、決して若気のあやまちではない。古代人も現代人と同じことをしていたのである。『ローマの下水は』とリービッヒは言っている。『ローマの農民の福利をすっかり吸いつくした』。ローマの田野がローマの下水道のために荒廃したとき、ローマはイタリアを衰微させ、さらにイタリアを下水道に流し去った」

これは肥料学の大家リービッヒが、スイス人マロンによる江戸のふん尿循環の仕組みについての報告に接し、「日本の農業の基本は、土壌から収穫物に持ち出した全植物栄養分を完全に償還することにある」と記したことによっている。

しかしフランスにも叡智が育まれていた。

「19世紀半ば、パリの6分の1で、同市の需要を満たして余りあるサラダ用葉物、果物、野菜を生産していた。肥料には市の交通網から出る100万tの馬糞が用いられた。この現代の工業農場よりも生産性が高い労働集約的システムは、非常に有名になり、堆肥を基本にした集約的な園芸術を今でもフレンチ・ガーデニングと呼ぶ[*18]」とあるように、馬ふんが有効に利用されていた。また現代においても、農家は農地の肥沃度を保全するために必要なふん尿を確保できる数の家畜を保育していると聞いている。

このような叡智は、日本やフランスに限らない。ニューギニア高地では7000年近い営農の歴史を持ち、世界屈指の長期間にわたって持続可能な食料生産が実践されており[*19]、ペルー国ララオスの段々畑でも同様にプレインカの叡智が今に引き継がれて保全されている[*20]。

欧米が驚嘆した江戸時代の日本の循環型社会

江戸時代の日本が循環型社会であった具体例は、上述のし尿だけではない。稲のもう一つの産物であるワラは、一つには堆肥として農地へ、二つには燃料として利用され、その灰は買い取られて染業に利用されるか農地へ還元され、また三つには草履や縄として利用され、その後は堆肥

として農地へ還元されていた。これらの循環を徹底するために、たとえば灰売買市場や街道に草

履塚が設けられるなど、循環させるための仕組みが整えられ、その結果美しい環境が維持されて

いた。

江戸末期から明治初期に訪日した外国人は次のように称賛[*21]している。

・日本の農業は完璧に近い

・自分の農地を整然と保つことにかけては、世界中で日本にかなうものがない

・至る所に農家、村、寺院があり、また至る所に豊かな水と耕地がある

耕作地は花壇のように手入れされ、雑草は一本も見ることができない

・風景は絶えず変化し、しかも常に美しい

丘や谷、広い道路や木陰路、家と花園、そこには勤勉で、労苦に押しひがれておらず、明らかに幸せに満ち足りた人々が住んでいる

・ヨーロッパにもこれほど自由な村組織の例はないほどだ

・一見したところ、富者も貧者もいない

私は質素と正直の黄金時代を日本に見出す

・日本人の特性の一つは、奢侈贅沢に執着心を持たないこと

・誰彼となく互いに挨拶を交わし、深々と身をかがめながら口元にほほえみを絶やさない

水土の知

江戸時代に徹底した循環型社会を形成・維持してきた日本の「叡智」を、農業農村工学会は次のように整理[*22]している。

　モンスーン・アジア地域に位置する日本は、人口扶養力の高い水田稲作を基軸とした生存基盤を発展させてきた。

　その水と土は自然そのものでなく、循環の仕組みを増進しつつ恵みが受け入れやすいように人工物が組み込まれ、これを維持・運営するため、社会集団や制度、儀礼、年中行事、慣行などを伴っている。

　この〈水〉と〈土〉と〈人〉の複合系は、一つの社会的共通資本として捉えることができ、そこでは〈水〉・〈土〉・〈人〉が分かちがたく緊密に結びつき、統合されたものとして独自の特質を発揮している。

　先人たちはこの複合系を巧みに「水土（すいど）」と呼んできた。水土は今日「風土」と呼ばれる内容を含んでおり、わが国の各地に、そしてモンスーン・アジア各地にも、個性豊かに展開している。

　水土を巧く機能させための知が創出され、発展してきた。

〈水土の知〉は、

①〈水〉と〈土〉を中心に据え、〈人〉を介して水土に及ぶ複合形が有する全体性を反映し、対象が広範囲にわたること、
②基盤は長期にわたって機能し続けることから、過去を踏まえ将来を見据えて長時間にわたる視野を持つこと、
③地域の課題に応じて水や土、作物など個別の関連分野の知を総合化し、水土を形成、維持していく手法であること、
④知を体得し、水土に働きかけてその仕組みを助長する〈水土の知〉の集団を形成してきたこと
を特徴としている。

人間活動の領域が拡張し、高質化されても、各地の水土は自然界が本来備えていた循環を破壊せずに経営され、国土全体の視点からみても都市と農村との間に物質を介した共生関係が維持されていた。

農村は人材や農産物を都市へ提供し、都市はその機能を発揮し、その有機廃棄物などを農村が受け入れ活用し、食料生産を支えることができた。この循環は、豊富な開水面と開土面を持ち、生活圏の大部分を占める農村が水土を維持することによって成立していた。

そこに農の営みが循環を十分発揮できるような基盤づくりがなされていたことは言うまでもない。

このような〈循環の原理〉を基本とする〈水土の知〉は、独特の生態系を形成しているモンスーン・アジア地域の人々と共有されるものである。

〈水土の知〉の基盤は長期にわたって機能し続けることから、過去を踏まえ将来を見据えて長時間にわたる視野を持つことと、知を体得し水土に働きかけてその仕組みを助長する〈水土の知〉の集団を形成してきたことは、世界のコモンズにも通じ、また地球環境のようなグローバルな共有資源グローバル・コモンズにも通じる。

農業農村工学会「新たな〈水土の知〉の定礎について」の提唱

循環は「自ずと然る」ことから、循環の場であるそれぞれの地域の水と土、すなわち水土に深く関係する。先人たちは循環が維持されるように、また循環が促進されるように水土に働きかけて風土を形成してきた。これが日本における長年の国土経営の基本であった。

文明が進み、地域や国を越えて物や生命が動き、循環の仕組みが損なわれた結果が今日の環境問題であり（第1章第2節）、問題解決にはそれぞれの地域が循環の仕組みを回復することが基本である。しかし地域や国を越えて移動するものが多くなっていることから、地域に持ち込んだものが移入元の循環の仕組みを損なっていないか、また地域から持ち出したものが移出先の循環を損なっていないか確認することも大切である。

「始末が悪い」、「始末をつける」の「始末」は始めと終わりである。この「始末をつけてきた」先人の知恵を、現在にも活かすべきであった。

日本においてはこの50年間に、アジア・モンスーン各国においては近年、経済の急速な発展にともない、社会全体で循環が見失われ、循環が維持してきた水土も大きく変化した。その結果、人類は生存を脅かされつつある。

近代の科学／技術は、個々の分野において多大な成果をあげてきた一方、本来持つべき全体性という特徴が見失われる傾向にあることは否めない。

このようなことから、農業農村工学会は、現代の地球環境問題に通じる知として次の四つを柱としたビジョン「新たな〈水土の知〉の定礎について[*23]」を提唱している。

①循環を基軸として総合化を図り、〈水〉と〈土〉と〈人〉の複合系を全体的に把握する新しい科学／技術の体系を確立する

②水土の循環の維持を前提とした食料生産を確立する

③循環の管理の場、管理の担い手の居住拠点、環境教育の受け入れの場、新たな文化の温床などとして農村地域を評価する

④水土の知を世界に向けて展開していく

日本から世界へ発信する

前述の④は、水田・水環境工学分野の科学と技術の進歩に寄与することを目的とした国際水田・水環境工学会（International Society of Paddy and Water Environment Engineering：ＰＡＷＥＥＳ）の設立や、生態系に十分配慮した農村開発を実施するうえで不可欠である水田農業におけるより良い水管理を促進する枠組みを提供する政府間の国際水田・水環境ネットワーク（International Network for Water and Ecosystem in Paddy Fields：ＩＮＷＥＰＦ）の設立に活かされている。なお、ＰＡＷＥＥＳは毎年研究集会・国際会議を開催するとともに、その機関紙はインパクトファクター（ＩＦ値）が高く、国際ジャーナルとしての地位を確立し、水田稲作国からの技術／研究発信の役を担っている。

なお、２０１８年秋には、世界21カ国２１０名を含む政策立案者や研究者、技術者が集まり、ＰＡＷＥＥＳとＩＮＷＥＰＦと合同で、２０３０年までのＳＤＧｓの達成に向け、持続的な水田農業の促進を図るために取り組むべき施策や研究などについての情報交換・議論を行なっている。

また、長年にわたり人間の営みにより維持されてきた里山において、急速に進んでいる生物多様性の喪失を止めるため、自然資源の持続可能な管理・利用のための共通理念を構築し、これを世界各地の自然共生社会の実現に活かしていこうという取り組み「ＳＡＴＯＹＡＭＡイニシアティブ」を環境省と国連大学高等研究所が提唱し、これを受け、２０１０年10月19日に開催されたＣＯＰ10のサイドイベントにおいて、51の国や機関が創設メンバーとして参加し、社会生態学的生産ランドスケープの維持・再構築に取り組む団体のための国際的な枠組みとして、「SATOYAMAイニシアティブ国際パートナーシップ（The International Partnership for the Satoyama Initiative：IPSI）」が発足している。

新たな〈水土の知〉が展開されるために

農業農村工学会が提唱した「新たな〈水土の知〉の定礎について」は、日本において広く認識され、具体的な活動として展開されているのであろうか。また、水田、水環境、里山が広がる農山村において、PAWEES、INWEPF、SATOYAMAイニシアティブで世界に発信できるような、物質と生命が循環し地球環境問題に資するような具体的な取り組みが行なわれているのだろうか。

否である。

地球環境問題が緊迫している今日においてすら、自国のバイオキャパシティを十全に活用することなく、食料や木材の大半を海外に依存し、地球に負荷をかけている状況を一見すれば明らかである。

確かに、かつて〈水土の知〉が培われていた時代と異なり、人口も人間の活動量も増大し、社会の仕組みも複雑化し、技術や社会の変化も激しく、活動の対象となる地域範囲も広がっていることから、〈水土の知〉を常に認識し実行に移すことは簡単なことではない。しかし物質と生命の循環について学ぶことはできる。学ぶことにより、たとえば家畜のふん尿などをメタン発酵させてエネルギー利用した後に残された消化液（ほとんどが窒素である）を電力で浄化する、木質バイオマス発電のためヤシ殻を海外から輸入するなどの愚を犯すようなことはなくなるだろう。

これらの愚は、国の施策をそれぞれの個別の目的の視角からのみ評価するのではなく、物質と生命の循環の視角から全体を俯瞰し施策を評価することで避けることができる。

とくに農業、林業については、施策が展開される農地、森林が、

- 国土や地球の陸域の過半を占めている
- 地球環境を保全・維持する物質と生命の循環の場（開土面、開水面）である
- 当該土地で展開される営みがすべて地球環境問題とのかかわりを有する

ことから、その施策対応はきわめて重要であり、また施策が正しく評価されることにより農業や林業に対する国民の理解も高まってくる。

施策の具体化にあたっては次に留意する必要があろう。

一つは、全体性と総合化である。

世の中のあらゆるものが細分化されてきている現代社会においては、社会全体を望ましい方向へ導くために、常に全体を横断的に見通す、あるいは俯瞰的にみることが必要で、国の行なう施策においても総花的でなく総合化（統合化）して対応することが必要である。しかしこれは容易

なことではない。

小さな例ではあるが、農村地域の社会資本整備に重要な役割を果たす農業農村整備の実施において、他部局、多省庁の施策との連携を図るために「政策総合」を進めることとし、1991（平成3）年度から市町村において農業農村整備事業管理計画を策定することとされたが、活かされているのだろうか。

また、地域の森林・林業の特徴を踏まえた森林整備の基本的な考え方や、これを踏まえたゾーニング、地域の実情に即した森林整備を推進するため、市町村が都道府県や林業関係者と一体となって策定することとなっている市町村森林整備計画はどうであろうか。

現在、内閣府が進めている「農林水産業・地域活力創生本部」の「農林水産業・地域の活力創造プラン」や、同じく「まち・ひと・しごと創生本部」の「地方創生交付金」は、全体性を捉え、総合化・統合化を図るための試みに思える。その成果に期待したい。

また、2018（平成30）年4月17日に閣議決定された第五次環境基本計画において、各地域が美しい自然景観などの地域資源を最大限活用しながら自立・分散型の社会を形成しつつ、地域の特性に応じて資源を補完し支え合うことにより、地域の活力が最大限に発揮されることを目指す「地域循環共生圏」が提唱されているが、これは経済社会システム、ライフスタイル、技術などあらゆる観点からのイノベーション創出や、経済・社会的課題の同時解決に取り組む統合的な取り組みの芽生えと評価できよう。

二つは、何かに「資する、改善する」ための施策ではなく、具体的な目標を「達成する」ための施策であるべきである。そしてその評価は数値化されて行なわれるべきである。

地球環境問題への対応は、各政府機関がもつそれぞれの施策の実行に合わせて無理のない範囲での改善を繰り返すという、これまでの常套的な手法では対処できないところまできている。問題の根源にあるものを迅速に抜本的に解決しなければならない。

三つは、クロス・コンプライアンスの活用である。

EUでは、1992年に、価格支持制度における支持価格の引き下げによる農業者の所得減少を補填するために、農業者に対する直接支払を導入したが、農業者がこの直接支払を受給するためには、環境・土壌保全などに関する共通遵守事項を満たす必要がある。このように、ある施策（たとえば農業振興）による支払について、別の施策（たとえば環境保全）によって設けられた要件の達成を求める手法のことを「クロス・コンプライアンス」（cross compliance：CC）という。

地球環境問題の解決のためにクロス・コンプライアンスが活用されることが不可欠ではないだろうか。

いずれあらゆる施策に地球環境問題解決のためのクロス・コンプライアンスが設定される時代が来るに違いない。

参考文献

＊17　ヴィクトル・ユゴー著、佐藤朔訳『レ・ミゼラブル（5）』新潮社（1967）
＊18　D・モンゴメリー著、片岡夏実訳『土の文明史』築地書館（2010）
＊19　＊16と同じ
＊20　中道　宏他「世界の〈水土の知〉の例」Seneca21st【話題38】（2011）
＊21　渡辺京二著『逝きし世の面影』平凡社ライブラリー（2005）
＊22　農業農村工学会「新たな〈水土の知〉の定礎に向けて」（2010）
＊23　＊22と同じ

キイロショウジョウバエを、一定容量の容器の中で給餌条件を変えて生育させると、その個体数は次のようになる。

①餌を初めに入れた後に餌を補給しなかった
↓　個体数が増加して一定となった後、急激に減少してほぼ全滅状態となった

②一定時間・間隔で餌を継ぎ足した
↓　一定状態が保たれた

③一定時間・間隔で新しい餌の入った容器へハエを移し替えた
↓　一定状態が保たれた

容器を地球、餌を資源、個体数を人口と考えてみると、資源なしでは生存できないので①は論外で、また地球は一つしかないので③も論外である。それでは②のような資源の継ぎ足しが可能なのだろうか。資源には枯渇するものが多く、持続的に継ぎ足していくためには、世代間の公平

な利用を妨げないように、現世代は利用を節約し、再利用を図らなければならない。とくに、現代文明の根幹を支える化石燃料などは環境面からの制約がある。これを代替できるのは主として太陽光をエネルギー源とする再生可能エネルギーしか存在しない。

現世代ははたしてプラネタリー・バウンダリーを超える資源利用を廃することができるのか、食品ロスをなくし、プラスチックの海洋汚染を防ぎ、省エネ住宅に住むことなどで3R（本章第2節）を徹底できるのか、開土面・開水面を保全し、循環を促進し、自然の恵みを増強することができるのかを考えてみる。

第1節　人口増加は止まるのか

「人口」は地球環境問題の重要な課題である

生きものとしてのヒトの使命は子孫を残すことであり、その社会は生を受けた人を養わなければならない。しかし本章の冒頭で論じたように、一定の環境で生存できる生きものの総数については自ずと限界があり、地球に住む人類もこれを免れることはできない。

環境の限界を認識し、人口を抑制し、持続を図った例もある。太平洋の孤島ティコピア島は避妊、堕胎、嬰児殺、独身、自殺、航海（事実上の自殺）などで人口制限を行ない、人口ゼロ成長で持続した。日本の江戸時代にも意図的な出生率の抑制が行なわれた。*24

人口増加を支えた食料生産

1798年、マルサスは「人口論」において、制限されなければ人口は幾何級数的に増加するが、食料は算術級数的にしか増加しないので、必ず不足するとした。

当時の世界人口は10億人。その129年後の1927年には20億人、その32年後の1959年には30億人と、人口増加の速度が速まり食料危機が心配されたが、さらに15年後の1974年に40億人、その13年後の1987年に50億人、その12年後の1999年に60億人と増加速度はいっそう速まり、その後増加の速度がやや遅くなり、2011年に70億人（12年後）、2019年現在は77億人となっている（総理府統計局他）。この約60年の間における農地面積の増加はわずかであるが、単位面積当たりの収量は大幅に増大し、その結果、農業生産量は人口の伸び率を上回って伸びている（FAO：国際連合食糧農業機関）。

単位収量の増加の背景には、品種改良、化学肥料、灌漑の普及などの緑の革命と、これを可能にした経済社会の発展があり、マルサスの予測は外れてしまった。

人口増加は、世界全体では鈍化していく

人類が地球環境に与える負荷は、単純に考えると「人類の行動」と「人口」の「積」である。世界人口の増加は地球環境問題の重要な課題であるが、1992年のリオ・サミット（環境と開発に関する国際連合会議）では「人類の行動」の抑制に関して「気候変動枠組条約」と「生物多

様性条約」が締結されたが、「人口」の抑制については問題提起もされていない。Jeremy Hanceが指摘[25]しているように「科学者も、政策立案者も、環境保護論者でさえも、人口の劇的な増加と、気候変動や生物多様性の喪失、資源枯渇、あるいは地球規模の環境危機全般に関連があることを公言するのには及び腰」のようにみえる。

しかし、1974年の国連「世界人口年」以降、人間の生活水準の向上のための人口増加率の抑制および疾病と死亡率の低減などを掲げた「世界人口行動計画」や、国家が個人の選択にもとづきリプロダクティブ・ヘルス（性と生殖に関する健康）や家族計画のサービスを改善し、持続可能な開発に沿った人口政策を策定できるように支援する国連人口基金の動きもあった。また

①出生時の平均余命と合計特殊出生率（15〜49歳までの女子の年齢別出生率を合計したもので、1人の女子が仮にその年次の年齢別出生率で一生の間に産むとしたときの子どもの数に相当する）はきれいに逆相関していること[26]

②発展途上国等における平均寿命の延長に資する改善が次のように進んでいると2017年にMDGsが報告していることおよびMDGsの成果はSDGsに引き継がれ、さらに進展すると期待されることから、出生率は低下する方向にあるのではないか。

貧困率が半分以下に減少

予防可能な疾病による幼児死亡数の著しい低下

妊産婦の健康状態に一定の改善

HＩＶ感染者が世界の多くの地域で減少
マラリアと結核の蔓延が止まり、減少

本書においては将来の世界人口を90億人としているが、40年前の「成長の限界」の著者の一人ヨンゲン・ランダースの「人口が増えることを望む政府は懸命に少子化を食い止めようとするが、まず富裕国で頭打ちになり、次に２０２０年直後に中国の人口がピークを迎え、ロシアも減少する。他の工業化が進む国々も先進国と中国に続く。インドとサハラ以南のアフリカだけは人口の減少が遅れるが、全体的に見て世界の総人口は頭打ちになり、２０４０年代初めに約81億人でピークを迎え、２０５２年までに減少に転じる」[*27]という予測もある。

第2節　資源浪費型社会から脱却できるか

資源が文明を規定してきた

文明の時代区分に、その時代に利用されるようになった鉱物資源名（石器、青銅器、鉄器）が付されているように、人類は、古くは木材、木炭、産業革命後は石炭、近年では石油・原子力・天然ガス、それにシェールガスのように、順次資源性の高いエネルギーを発見し、文明を発展させてきた。文明は利用する資源により規定されてきたのである。

地球上の3000万種といわれる生きもののうち、これらの資源に依存しているのは人間だけである。人間以外の生きものは、植物が太陽エネルギーを捕捉して成長し、その植物を動物が捕食して生存する。しかし、人間はその生命を維持するためだけではなく、文明を維持し、豊かな生活を享受するために、人間一人で一頭の象が生存するために必要なエネルギーを使っている。

資源は循環しにくい

例を挙げる。

現代の文明を支えている化石エネルギーと鉱物資源は、循環しない、あるいは循環させにくい資源である。

化石エネルギーは、生きもの由来であるが、その廃棄物が地球の循環により吸収浄化されるには限度があることから、限度を超えた廃棄物は吸収されることなく地球上に蓄積され、地球環境を悪化させる。

鉱物資源は、利用後再利用できるものが多いが、再利用するためには新たにエネルギーが必要となり、結局、環境に負荷を与えることに変わりはない。人間の生命を維持するために不可欠なリン鉱石に至っては、その回収がむずかしく、植物残渣や家畜・人間の排せつ物を農地に還元し、作物に捕捉されない限り、湖沼、海域に拡散して環境に負荷を与え、資源として枯渇することになる。

資源の利用が地球環境問題の根幹にある

今日の環境問題は、この資源の利用に大きく関係している。

一つは、資源の有限性である。前述のリン鉱石の賦存量には限界があり、文明の持続を脅かすだろう（第5章第3節で詳しく述べる）。石油の場合と同様である。

二つは、資源の利用にともなう環境破壊である。石油、石炭、天然ガスなどの化石エネルギーは、生物遺骸が数億年かけて地殻内部で炭化水素などに変化したもので、これを利用することにより温室効果ガスや大気汚染物質が排出される。大気中のCO_2はすでにプラネタリー・バウンダリーを超え、不可逆的変化が起こる危険性が高い。CO_2排出量の92％は化石燃料からであり、一次エネルギーの90％が化石燃料である。

これを解決する方策として次の三つが考えられる。いずれも単純であるが、実行はきわめてむずかしい。

対策1　プラネタリー・バウンダリーを超えて資源を利用しない

気候変動、土地利用の変化、生物多様性の損失率、窒素およびリンによる汚染は、すでにプラネタリー・バウンダリーを超えている（初章）。

CO_2排出の原因となる化石燃料については、次の石油関係者からの発言が、ことの核心を突いている。

「石油に見捨てられる前に石油を見捨てなければならない」

「石器時代が終わったのは、石がなくなったからではない」

世界が苦悩しているこの課題の解決策の一つは自然エネルギーの開発である。太陽光、風力、波力・潮力、流水・潮汐、地熱、バイオマスなどの開発が急がれなければならない。いずれも自然エネルギーを電気に換えることが中心にあるが、最終需要は熱利用が多いことを視角に入れておく必要がある。

対策2　3R

2004年サミットにおいて、小泉総理は循環型社会の形成を目指す「3R（発生抑制（Reduce）、再使用（Reuse）、再生利用（Recycle））イニシアティブ」を提唱した。大量生産、大量消費、大量廃棄による廃棄物の大量発生への対策である。その後、Refuse、Repairなどが追加されて、4R、7Rなどと唱えられている。

翌年来日したケニア国環境副大臣ワンガリ・マータイ（2004年環境分野で初のノーベル平和賞を受賞した）が、自身が感銘を受けた日本語「もったいない」を、地球環境に負担をかけないライフスタイルにより持続可能な循環型社会の構築を目指す世界共通語「MOTTAINAI」として世界に広めた。地球が生み出したものを無駄にしないという、この発想のほうが、廃棄物処理を念頭に置いた3Rより的確に地球環境問題を捉えている。

地球の循環が生み出した自然の恵みをすべて使いつくし、最後には大地に戻す日本の作法については、稲ワラを例に第2章第2節で述べた。この知恵は、かつては風呂敷や一升瓶として日々の生活にも活かされてきたが、風呂敷は包装紙やプラスチック袋に、また酒や醤油や酢などに共通して使われてきた一升瓶はペットボトルや紙パックに替わり、いずれも最後には廃棄物となり、日本を廃棄物大国に押し上げている。

「もっと使わせろ、捨てさせろ、無駄遣いさせろ、……」と消費を促す電通戦略十訓は、先人の知恵を一瞬にして消してしまったのである。

以下、日本の実態をみながら3Rのむずかしさをみてみよう。

まず、プラスチック製品。

主に石油を原料として大量生産され、軽量で、電気を通さず、水に強く、腐食しにくいことから、日用品や工業・医薬分野の製品として広く利用されている。しかし、その廃棄物は元の原料（石油）に戻すことがきわめてむずかしく、また廃棄物として埋め立てられても腐敗せず、さらに燃焼させるとCO_2を排出する。加えて、海洋に流出した廃棄物は、海洋を汚染するだけではなく、「餓死した鯨の胃袋に大量のプラスチックが蓄積していた」、「東京湾で捕れたカタクチイワシの8割近くの内臓からマイクロプラスチックが検出された」、「海洋プラスチックの総重量が魚の重量をいずれ上回るようになる」などの報道もある。

プラスチック製品は本書が説く「物質と生命の循環」の輪の中に介在できないものであり、これによる環境負荷を抑制するためにはReduceしかない。欧州ではプラスチック製の使い捨て容器や食器の販売を禁じる法律を制定したり、有力な企業の自主的な対応が進んでいたりするが、日本は遅れている。

2018年のG7シャルルボワ・サミットにおいて、海洋プラスチック問題などに対応するために世界各国に具体的な対策を促す「健康な海洋、海、レジリエントな沿岸地域社会のためのシャルルボワ・ブループリント」が採択された。しかし、自国でプラスチック規制強化を進める「海洋プラスチック憲章」には、海の恵みをもっとも受け、プラスチック製品による汚染がもっとも深刻な国の一つである日本は、「国内法が整備されていないため、社会に影響を与える程度が現段階でわからず署名できなかった」と報道されている。真相はわからない。

2017年のプラスチック廃棄物総量900万tのうち86%はリサイクル利用されているとしているが、うち58%はエネルギー回収と呼ばれる焼却である。[*28] 焼却による発電、熱利用が効率的なものかどうかわからないが、いずれもCO_2を排出しており、循環していない。

Reuse されない、Recycle できないものは、愚直に Reduce するしかないのではないか。

次に、食品ロス。

食品ロスの定義や指標は複雑であるが、FAO（2013年）などによれば、世界の生産量の3分の1にあたる13億tが毎年廃棄されている。食品ロスは、一つには、これを生産するために森林を減少させて農地を拡大し、限られた淡水で灌漑し、水域の富栄養化をもたらす化学肥料で育てることで、二つには廃棄物として処分されることで、地球環境に負荷を与えている。

農産物は、まず生産収穫段階で不良品や規格外品が廃棄される。日本ではとくに消費者の目がきびしく見栄えが良くない農産物は農地に放置されて野生動物の餌となり、獣害を惹起している。次に、収穫後の貯蔵、処理段階でロスが発生する。これはインフラや施設を改善することで対応できる。このことは先進国で実証済みである。

最後に、先進国に多い小売および消費者段階においても、納入期限、販売期限、賞味期限の「三分の一ルール」（食品メーカー、卸売、小売の三者が賞味期間を三分の一ずつ分け合うというルールで、たとえばメーカーは賞味期間の三分の一にあたる期間内に卸売に納品し、これに遅れた場合は廃棄される）により廃棄される食品が発生する。

このようにして発生した食品ロスを、廃棄物としてではなく、食品を必要とする施設や世帯に無償で提供するフードバンク活動が欧米では古くから実施されている。日本では、アメリカ人により２００２年に東京で、また２００３年に関西で始められたが、「フードバンク活動の背景となる「食品ロスの問題」「貧困問題」への認識が十分に浸透していないこともあり、まだ活動が十分に認知されているとは言い難い状況」（全国フードバンク推進協議会 https://www.fb-kyougikai.net/foodbank）にある。なお、フードバンクはＳＤＧｓ目標の多くに関連している。

大事なことは、食品ロスを廃棄物の問題とするのではなく、地球が生み出した食品を食品として Reuse し、地球に対する負荷を軽減することである。

もう一つ、木造住宅。

ユネスコの世界遺産（文化遺産）である法隆寺は、現存する世界最古の木造建築である。その西院伽藍は７世紀後半頃からCO_2を貯留し続けている。木造住宅の炭素貯留量は膨大なものであるが、国交省資料によると日本の住宅の寿命は30年（アメリカは55年、イギリスは70年）と短く、本来期待できる貯留効果を減じている。

近年木造住宅が国の内外において再評価されているが、日本においては３Ｒの視角から次のことに留意する必要がある。

一つは、空き家が増加しているが、これが Reuse されないまま別の場所で Produce（新築）されている。

二つは、断熱性能が劣る住宅が依然として Produce されていることである。温暖化ガス排出量削減のためには、増大している家庭部門のエネルギー消費量の削減が不可欠であり、とくに外壁と窓の断熱性能を向上させなくてはならない。しかし2018年の「建築物のエネルギー消費性能の向上に関する法律」の改正では、オフィスビルやホテル、商業施設など住宅を除く新築の中規模建物（延べ床面積300㎡以上）に省エネ基準への適合を義務付けたが、小規模建物（延べ床面積300㎡未満）などの住宅への義務化は見送られた。これでは家庭部門のエネルギー消費量の削減につながらず、いずれReuseされることもなく廃棄され、木材のもつ炭素の貯留効果を十分に発揮させることはできない。

以上のように、3Rには生産、流通、消費、廃棄の分野にかかわり、多くのセクターが関与し、それぞれに利害が絡み、痛みをともなうことから実行はきわめてむずかしい。

3Rを実現できるかどうかのポイントは三つある。

一つは、個人の問題である。ミニマリストや書籍『フランス人は10着しか服を持たない』にあるような生き方が世界の潮流になり、人々が大量生産・消費の物質主義から抜け出して、利便性を抑えて本当に自分の生活に必要なものとは何かを考えながら、第一にReduce、第二がReuse、そして最後にRecycleに徹することができるかである。

二つは、社会のシステムである。Produceすることは限られた資源を地球から取り出し、地球環境に負荷を与えることから可能な限りReduceする、そして何段階にもわたって大切に（カスケード）利用し、使い切る社会システムを構築できるかである。廃棄物処理問題を主眼に置き3Rを推進するのではなく、3Rの結果として廃棄物を少なくすることである。

三つは、地球環境問題全体に対する個々の対応の効果を明示することである。前述したように3Rは生産、流通、消費、廃棄の分野にかかわり、多くのセクターが関与し、それぞれに利害が絡み、痛みをともなうことから、一般市民には具体的な因果関係やその効果がわかりづらい。たとえば、海洋プラスチック汚染に関係して、レジ袋、ストローの廃止に注目が集まっているが、プラスチック製品全体の問題がこれらに矮小化されてはならない。

対策3　開土面・開水面を保全し、循環を促進し、自然の恵みを増強する

地球の自ずと然（な）る仕組みである循環は、地球の表面にある開水面、開土面を通じて行なわれ、地球上に多様な生きものがいる生態系を形成し、自然の恵みをもたらす。

人類は、この仕組みを劣化させている。すでに第1章第1節で述べたが、森林や牧草地や農耕地が格段に自然循環機能の劣る砂漠に変じているのは、降水量の変動など自然的要因ではなく、過半が環境に対する負荷に配慮を欠いた放牧、伐採、開墾、灌漑などの人為的要因にある。

この循環が機能するには多様な生物の存在が不可欠であり、そのためには森林、農地に限らず、あらゆる地目において健全に循環が機能するように対応することが重要である。また、その基本は、開水面、開土面を塞がないことである。森林や農地を都市的な利用に転換すること、都市に

おいて空き家を放置する一方で新たに住宅地を開発することも開水面、開土面を塞ぐことになる。都市のコンパクト化が求められるゆえんの一つである。

参考文献

＊24　ジャレド・ダイアモンド著、楡井浩一訳『文明崩壊　上』草思社（2012）
＊25　Jeremy Hance『かげりを見せない人口増加が地球温暖化と大量絶滅を加速させる』MONGABAY（2014）
＊26　鬼頭宏「人口安定へ「国の形」転換を」日本記者クラブ（2014）
＊27　J・ランダース著、野中香方子訳『2052年今後40年のグローバル予測』日経BP社（2013）
＊28　プラスチック循環利用協会　プラスチックリサイクルの基礎知識 https://www.pwmi.or.jp/pdf/panf1.pdf

第4章 環境倫理　どう考えていくべきか

第1節　環境倫理とは

地球環境問題やその原因となる問題に対し、われわれはどう行動すべきかを考えてみたい。そして、それを環境倫理と呼ぶこととしたい。

人間は自然と共生する存在

人間は地球上に生きる生物であり、地球上の自然の一部であることを認識し、行動の基本とすることである。

人間は自然の生態系の一部であり、自然と共生する存在である。

人間は確かに他の生物と異なり、さまざまな能力を持ち、他の生物にはできない多くのことを可能としてきた。そうであっても、人間は地球上の生物の一つであり、地球の生態系を離れては存在できない、自然と共生するしかない存在である。

このことを認識し、思考、行動の基本とすることが必要である。

技術進歩への基本認識

技術進歩は人間社会に長寿と豊かさをもたらしてくれた。これからも技術進歩、技術革新は必要であり、続くものと思う。

しかし、人類の長期的な繁栄にとって、技術が進歩しても超えてはならない自然の摂理ともいうべき限界があると考える。

人間は一人ひとり異なる存在であり、そうした個人、いろいろな人間が集まって人間社会を作っている。また、人間には生老病死、苦楽があって人間社会は成り立っている。技術革新も、こうした自然の摂理を超えるものであってはならない。

今日の技術革新の中心であり、これからの未来を拓く技術とされる遺伝子利用、ＡＩ開発についても自然の摂理に背く利用を行なえば人類の衰亡、地球上の生命の大絶滅を招来しよう。

持続可能な行動が必要

人間が地球上の生物である以上、地球の自然環境、自然資源が持続可能（sustainable）であるように行動しなければならない。

人類が地球上に存続を続けるためには、社会、経済活動において、自らの生存基盤である地球の自然環境、自然資源――大気、水、土壌、生物、生態系、資源――が持続可能であるように行動することが求められるのは当然であろう。

資源利用にあたっては、効率よく使い無駄を残さないこと、資源を循環させること（Reduce, Reuse, Recycle）が必要である。

長期的視点をもつこと

人類の歴史はいまだ20万年、地球の歴史でみれば、まだ、生まれたばかりの存在にすぎない。これから数十万年、数百万年にわたり人類が繁栄することは不思議ではない。しかし、発展を遂げた人間文明が、自らを省みることなく進めば、その将来には懸念される事態の生起も予想される。

われわれはこれからの人類の営みを考えるにあたり、１００年、できれば１０００年の視点をもって考えるべきである。自分の世代だけでなく、世代を超えた目で考え、行動すべきである。

人間は、全地球の環境変化に責任を負う自覚が、これまで以上に必要となる。

それは地球上の自然と持続的な共存関係を築いていかねばならないということに通じる。

治山、治水、灌漑、都市開発、農地開発といった事業（ハード面）について、とくにこの視点が必要である。

ソフト面でも、今日の資本主義社会の原則となっている市場主義、そのときの市場の決定に任せることが最善とする考え方も、その長所を活かしつつ、制約することも必要があろう。

そのためには長期的な視野に立った政治が必要である。政治家を選ぶのは選挙民であり、多くの人がそういう視点をもって政治家を選ぶことが必要となる。

問題認識、解決責任のグローバルな共有

地球温暖化などの地球環境問題は、その発生、進行に先進諸国が大きな責任があることは確かである。しかし、先進国を追いかけて成長を求める国々も、これからは責任を共有しなければ問題解決はむずかしい。

一国、数か国で解決できる問題ではなく、グローバルな問題認識の共有と解決への協力、協同が必要である。

世界中の人々が共通の認識を持ち、解決のために守るべき準則を設定すること、各国がそのための主権制限を受け入れることが必要であり、また、先進国から開発途上国への経済援助、技術援助と開発途上国の自力による向上が不可欠である。

第2節　これからの方向

環境倫理の考え方を踏まえると、これから取るべき方向がみえてくる。

物質と生命の循環

地球環境を維持していくためには「物質と生命の循環」を健全に保つことが基本である。それは、人間と自然との共生、自然環境の維持にとって必須のことであろう。

われわれの生活、産業、都市、農村社会が循環型であること、加えて、自然資源維持のため省資源社会であることが必要であろう。

また、地球温暖化問題を解決していくためには、化石燃料依存から自然エネルギーへの切り替えが必要であることは論を待つまい。

物質と生命の循環、とりわけ、農林業における具体的対応については、次章以降で詳述する。

人口増加問題

地球環境問題は、産業革命以降の人口増加による大量消費、大量廃棄により引き起こされた問題である。

これからも途上国を中心に人口増加は続くとみられている。途上国も経済成長により生活水準が上昇し、教育・医療が普及する。やがては人口増加率も鈍り、世界人口も定常ないし減少に向かう可能性はあるが、地球環境の悪化は、それまで待つ余裕はない。地球環境問題は近々の解決を迫られる状況にある。このため、前述の循環型社会の構築が求められている。

一方、増加人口を養う食料をどうするかの問題がある。90億人までに増えるとされる地球の人口を養っていく食料、水の確保の問題である。農業技術や品種改良の開発と普及による食料増産と全世界に食料を適切に配分するシステムが必要となる。

食料輸入依存度の高い日本にとっても、将来逼迫するであろう食料需給に備えて、食料自給率の向上対策への注力が必要であろう。

人を介して水と土が結びつく発想にもとづく〈水土の知〉、物質と生命の循環という考え方をこれからの農業の発展に結びつけていくことが望まれる。そして、日本においては、農業の産業としての実力かん養が必要である。

経済成長

長い目でみてこれからの経済成長はどうなるであろうか。日本も、そして、世界中の国々が、現在も経済成長を求めている。それは、産業革命以降、人々に染み付いた習性となっている。これからの経済成長は地球環境の保全と限りある地球資源という制約の中で行なわれなければならないが、どう考えるべきであろうか。

経済成長は労働力、資本、技術革新により生まれる。

①人口増加は経済成長の要因である。増加が止まるか減少すれば、労働力供給の増加が止まるか減少することになり、人口が減少する分、経済成長は落ちる。日本はこれから人口減少国となるので、その分の成長ダウンは受容しなければならない。それだけに成長ダウンを補う生産性向上が求められよう。

労働力不足の先進諸国が労働力の世界的な移動（途上国からの労働者受け入れ）で対応することで問題の解決を図る現実もあるが、その際には、彼らの処遇に十分な配慮が必要となろう。

②資本の存在には、今日のところ問題はないが、そこからの利益配分が特定の者に偏在することになれば、各国の国内、国際間を問わず、世界的に不安定な状況も生じかねない。

③今日、資源と地球環境の制約はあるが、それを乗り越えようとする技術革新の流れは急速であり、経済成長を支えていくと考えられる。しかし、それには「人類として踏み外してはならない自然の摂理」という枠が守られる必要があり、それを超えたことが行なわれれば人類破滅の導火線となる可能性がある。発展を期待される遺伝子、ＩＴ、核利用についても、その利活用について人類の自己規制、倫理がこれまで以上に求められることとなろう。

今後、経済成長がどの程度のレベルで、どれほどの期間、時代にわたり続くのかはこうした問題への対処いかんによる。

足るを知る

日本を含め先進国の多くの人々は、今日、長寿、衣食住に困らない生活をしたうえで、趣味も活かせる生活を営んでいるのではなかろうか。そして、願いは、自分・配偶者・自分の子孫の幸福、収入を得る職の永続、戦争や災害が生じないことなどではなかろうか。

日本では、昭和50年代以降、すでに半世紀ほどにわたって、基本的には、こうした恵まれた時代を送っていると感じる。まさに、長年にわたり、人類が願い求めてきた究極の理想の生活を実現しているのではないか。

こうした人類の繁栄は、一方において、地球のさまざまな自然資源を無秩序に費消し、その結果、地球環境が危機的状況を迎えるのではないかとの危惧を惹起している。

われわれはそろそろ「足るを知る」べき時期に逢着していると考えるべきではあるまいか。われわれには、いかにして自らの生存基盤である地球環境と共存していくかが、今、問われている。

これからも地球環境問題に対処する科学技術の進歩はあろうが、同時に、われわれには「足るを知る」の意識を基本にもつことも必要であろう。そして「心の豊かさ」を求めるべきであろう。それは、基本的には「他者への思いやり」であろう。人々との心のつながり、貧困・不幸な人々、途上国の人々の生活向上への協力、人々の共感できる文化の創造ではあるまいか。

また、「私たち人間はヒトという生きものとして、地球上の他の生きものと38億年の歴史を分かち合って」[*29]おり、それぞれが役割を分担しながら、生命の循環を通して物質循環、ひいては地球環境の保全を担っていることも忘れてはならない。

AIなどの問題

これからの時代において、AI、IoT、ロボットなどの新たな技術が大きく進展することは間違いあるまい。そしてそれが人間社会に大きな便益をもたらすことも確かであろう。AIなどの技術革新が、地球環境の保全・改善や農業経営・農作業に活用され、農業の発展にも大きな役割を果たすことが期待されるし、そうでなければなるまい。

一方、AIが人間の知性の限界値（シンギュラリティー）を超えるようなことが起これば、人間がAIに支配される事態も生じうるが、それは人類の求める姿ではあり得ない。そのような事態は、自然の摂理に反するものであり、人類の危機、地球環境の危機につながることとなるだろう。起こしてはならない危機、防がねばならない危機である。

参考文献

＊29　ＪＴ生命誌研究館　生命誌絵巻 http://www.brh.co.jp/about/emaki.html

第5章

地球環境問題の最大の課題は農業

人類は農業を始めたことから今日の文明を築いたが、増加し、さらに増加する人口を養えるのだろうか。農業はまた地球環境問題、とくに初章で述べたプラネタリー・バウンダリーの限界を超えている気候変動、土地利用の変化、生物多様性の損失率、窒素およびリンによる汚染に密接にかかわっている。地球のもつ物質と生命の循環機能を活用して人類を養ってきた農業はこれからもその機能を健全に、かつ活発に維持していくことができるのだろうか。

第1節　農業と地球環境の密接なかかわり

地球環境問題の根源は農業にある

農業は太陽と土と水の恵みを得て、人の食べ物を生産する産業である。また、農業は自然界における物質と生命が循環する機能を人手を加えることで加速し、収穫を増加・安定させる生業でもある。したがって、農業は自然と協調することが基本だが、一方で、人口が増えると、足りない食料を補わなければならないという使命をもつ。また、農業は経済活動でもあり、農業者の生活を支えている。このため、農業＝食料生産の課題として、自然環境を守ることと農業の社会性、経済性を保つという面が必ずしも一致するわけではなく、相反する側面をもつ。

これまで人口が増え、さらに農業生産を増やす必要が生じると、農地の開発、灌漑・排水の改良、また、効率化を追求するために品種改良、農業機械の使用、農薬の使用など、環境に大きな影響を与える行為を行なってきた。そして、これは科学技術の発達によってさらに加速された。

農業による環境への影響は、人間の活動に比べて地球という存在がとてつもなく大きい存在であった時代には、これを無視できる状況だったが、人口が増大し、人間の活動が地球環境へ具体的に目に見えるような影響を与える（地球環境問題）ようになると、無視できなくなった。

イギリスの動物学者コリン・タッジは、その著『農業は人類の原罪である』[*30]で、「農業は、環境を操作し、作り出される食物の量を増やす。人口の増加に、より拍車がかかる。農業は、労力をかければそれだけの見返りがあるので、これらの過程はいよいよもって加速されていく。農業はあまり楽しくないものかもしれないが、ひとたび規模が拡大すると、もう後戻りはできなくなる。農業によって環境を破壊し、多くの大型動物を絶滅に追いやった。我々は農業という罪を負うことで成立した。しかし、いったん始めたらやめようがないのも農業の厄介な点。その意味で我々は未来永劫にわたり、原罪から逃れることができないだろう……」と述べている。

今日の文明と豊かな生活をもたらした農業が人類の原罪とすれば、今日の文明と豊かな生活がもたらした地球環境問題も人類の原罪であり、人類には解決できない課題なのであろうか。はたまた、循環の仕組みに則り、持続の道を見つけることができるのだろうか。

農業が地球環境に与える影響と農業に求められる対応

一昔前の農業には、①耕作を通じての自分の家族の暮らしの維持、②消費者の食料需要の充足、③農村の生きものの生息条件を維持して地域の環境を保全するという三つの機能が、いずれも自ずと環境の許容する範囲の中で満たされていた。農家も農業技術者も、ひたすら生産量の増加、生産活動の効率化を目指し、営農に励み、研究開発をすればよかった。また、しかし近年、用いる技術いかんによっては三つのうちのどれかを優先すると他のどれかにダメージを及ぼす危険性が高まっている。

農業が地球環境に与える影響と農業に求められる対応を、主要な地球環境問題との関係で整理してみると、表Ⅰ-2のようになる。

農業が環境と調和した文明だけが生き残ってきた

農業が始まり、その結果人口が増え、富が蓄積され、文明がもたらされた。農業生産の増加と人口の増加、文明の発展は、ある意味で共同歩調をとりながら今日まで発展を続けてきたといえ

表−2　農業が地球環境に与える影響と農業に求められる対応

農業が地球環境に与える影響	農業に求められる対応
気候変動	・農作業の省エネ化（農業機械の効率的利用、穀物乾燥の省エネ化、加温室栽培の見直しなど） ・水田からのメタン発生の抑制 ・家畜からのメタン発生の抑制 ・農業資源の有効活用による再生エネルギーの生産（小水力発電、バイオマス発電など）
オゾン層の破壊	—
酸性雨	—
水質汚染	・化学肥料の適正使用と使用量の削減 ・堆肥の活用（耕畜連携） ・有害物質の使用禁止
海洋汚染	・農業排水の水質改善 ・廃プラスチックの適正処理
森林減少	・農地の拡大を抑制
砂漠化	・農地の地力維持 ・過耕作、過放牧の禁止 ・塩類集積を生じさせない適正な灌漑排水
生物種の急激な減少	・農薬の適正使用と使用量の削減 ・生態系に配慮した農地の整備 ・遺伝子組み換え作物の開発などにおける倫理の遵守 ・農地（とくに里地・里山）の適正な管理

る。

しかし、第1章第4節で述べたように、この発展の過程で、環境と調和できた文明、物質と生命の循環を維持増進する知恵〈水土の知〉を開発した文明だけが生き残ってきたのも事実である。

近世以前の文明と環境に関する諸問題は、いわば地域的な問題であり、文明の盛衰は地域ごとの個別問題として捉えることができた。だが、今日の環境問題

＝文明の危機は、地球規模の問題であり地球に住む人類に共通する課題となっている。

人類は、自ら引き起こした地球環境問題で、その持続性を危険にさらしている。農業は地球環境問題を引き起こした要因の一つであるが、その最大の問題は、食料生産を増やせば人口が増える、人口が増えれば食料生産を増やせという圧力が大きくなるというジレンマを抱えているところにある。人類の生存自体が危うくなっている今日、どこまで食料生産を、ひいては人口を増やすのかということについても、農業側から問うべき時期にあるのではないか。

第2節　90億人を養えるのか

これまで増加した人口を地球は持続的に養うことができるのか

現在、76億人にまで増加した人口をかろうじて支えているのが、農業生産における収穫面積の増と単位面積当たりの収量の大幅な増大であると、第3章第1節で記した。

収穫面積（＝農地面積×農地の利用率）の増加は農地の増加によるところが大きい。農地面積は、主として林野や低平地などの開発により造成された農地面積から工業・商業用地、住宅用地などの都市的利用への転用面積を減じたものである。いずれも「土地利用の変化」であり、プラネタリー・バウンダリーの一つである。

単位農地面積当たりの収量の増加は、主として肥料の増加と灌漑による。肥料の大宗を占める窒素とリンの過投入は、プラネタリー・バウンダリーの一つ「窒素およびリンよる汚染」であり、本章第3節で検討する。また灌漑の水源となる「淡水の消費」もプラネタリー・バウンダリーの一つであり、絶対量の不足に加え、気候変動により、灌漑利用に大きな影響が生じている。後者については本章第5節で検討する。

なお、食料増産も化石燃料に多くを依存しており、いわば農業も工業化しているといえる。農業は生物エネルギーを生み出す産業であるが、生産のために投入される化石エネルギーは産出エネルギーを上回っており、エネルギー効率の改善が課題である。

以上いずれも地球にすでに負荷を与えており、これを軽減する方策はむずかしい。しかし、一人当たりの生産量でなく、一人当たりのカロリー供給量を増加させる方策はある。

一つは、農産物は、農地で収穫されてから、流通、貯蔵、加工、購買、料理、食事のプロセスを経て人を養う栄養分となるが、この間のロス（収穫、貯蔵・処理、流通・消費の各段階）を解消し、食料を公平に分かち合うことで、より多くの人口を養うことが可能である。これにより、廃棄物処理にかかる負荷と生産に要した資源の利用にかかる負荷を同時に解消できる。

二つは、第1章第3節で述べた「肉、牛乳、チーズ、バターの購入を控える」ことである。牛が排出する温室効果ガスを減じ、CO_2を吸収する森林の放牧・採草地への転用を防ぎ、穀物を肉などに転換することによるカロリーの損失を減じることができる。

これから増加する人口を養うことができるのか

これまで食料増産を支えた要因から考えてみると、次のようにきわめてきびしい。

(収穫面積の増加)

前述のように、森林、原野、水面を農地に転用する「土地利用の変化」はすでにプラネタリー・バウンダリーを超えている。地域的に可能性が残るのはアフリカ、南米に限られるが、地球全体からみるとこれもむずかしい。したがって、既存農地の都市的土地利用への転換を抑制することがより重要となる。都市のコンパクト化である。

(単位面積当たりの収量の増加)

肥料の投下量の増大による収量の増加は、しだいに効果が逓減するうえ、過剰な投入が環境汚染を引き起こす。肥料の大宗を占める窒素とリンの過投入は、すでにプラネタリー・バウンダリーを超えており、さらなる投入は不可能な状況にある。

また、「淡水の消費」プロセスは、すでにプラネタリー・バウンダリーの7割に迫っており、増加する人口、拡大する都市を考慮すると、灌漑をさらに普及させることもむずかしい。

施肥や灌漑水の効率的な管理に格別の工夫を凝らすことが求められる。

第3節　日本の国土に窒素・リンがあふれている

【窒素と生命】

窒素は地球の大気の約78%（体積比）を占め、通常は「窒素ガス（N_2）」の状態で安定している。

窒素は、窒素ガス（N_2）のほか有機化合物と無機化合物の形で存在する。気体の窒素酸化物には、アンモニア（NH_3）、一酸化窒素（NO）、二酸化窒素（NO_2）、一酸化二窒素（N_2O）などがあり、通称ノックス（NO_x）ともいう。

窒素酸化物は、光化学オキシダントの原因物質であり、酸性雨の原因にもなっている。またN_2Oは温室効果ガスの一つである。

工場の煙や自動車排気ガスなどの窒素酸化物の大部分はNOであるが、これが大気環境中で紫外線などにより酸素やオゾンなどと反応しN_2Oに酸化する。

有機物の中に含まれている窒素には、人間や動植物の体内にあるタンパク質、アミノ酸、尿素、核酸などのほかにも、製薬、染料、繊維、食品、石油、化学、肥料工業などの工場排水に含まれる無数の含窒素有機化合物がある。

なお、生命体の特質は、「物質代謝を行なう」ことと「自己複製を行なう」ことである。この二つの特質を担う物質がタンパク質と核酸であり、それらを構成する単位分子がアミノ酸、核酸塩基、糖などである。このため、窒素は、生きている細胞なら植物、動物を問わずどんなものにも存在する。

自然界における窒素の循環

生態系は、生物とそれを取り巻く大気、水、土壌などから構成され、地球上のさまざまな物質は、その生態系の中を循環している。

細菌の中には大気中の窒素を取り込み、体内で代謝を行ない、この窒素を利用していろいろな窒素を含む物質を生産するものがある。これが窒素固定といわれるもので、豆科植物の細根に共生するバクテリアが有名である。

植物は大気中の窒素を直接利用して代謝を行なう能力はもっていない。そこで、細菌が固定した窒素や物質循環の中から産生したアンモニウムイオン（NH^{4+}）や亜硝酸イオン（NO^{2-}）、硝酸イオン（NO^{3-}）を吸収して代謝し、タンパク質やアミノ酸、核酸などの窒素化合物を産生する。これを窒素同化という。

動物も大気中の窒素を直接利用することができず、窒素を植物や他の動物からタンパク質の形で摂取する。タンパク質は動物性であれ、植物性であれ、アミノ酸を含んでいるので、体内に窒素が入り込むことになる。動物の体内でアミノ酸が代謝されると、NH_3ができる。NH_3は毒性が高いので、それを尿素回路という代謝系を使って、尿素という他の窒素を含む物質に変換して、体外に排せつする。

動物の排せつ物や植物や動物の死骸は、バクテリアによって分解されNH_4^+に変えられる。さらにNH_4^+は、やはりバクテリアによってNO_2^-やNO_3^-に変化（硝化）していく。このNH_4^+やNO_2^-、NO_3^-は、再び植物に栄養素として利用される。また、NH_4^+の一部は、NH_3ガスとして大気中に揮散される。

一方、嫌気的な環境下でNO_2^-、NO_3^-を利用する細菌（脱窒菌）もおり、それらがこれをN_2やN_2Oに変えると、ガスは大気中に戻っていく。これを脱窒という。

以上を整理すると図Ⅰ-3のようになるが、自然界における実際の窒素循環は非常に複雑である。

窒素と地球環境問題

自然状態では、生態系のプロセスによって大気から固定化される窒素量と、硝酸態窒素がN_2として大気中に戻される量は、本来ほぼ均衡している。しかし、大規模な化学肥料の生産（大気中のN_2から工業的にNH_3を造る）と施肥、化石燃料の燃焼などといった人間活動により、大気からの窒素の固定と大気への放出のバランスが崩れ、水や土といった環境中に大量の窒素が蓄積される。

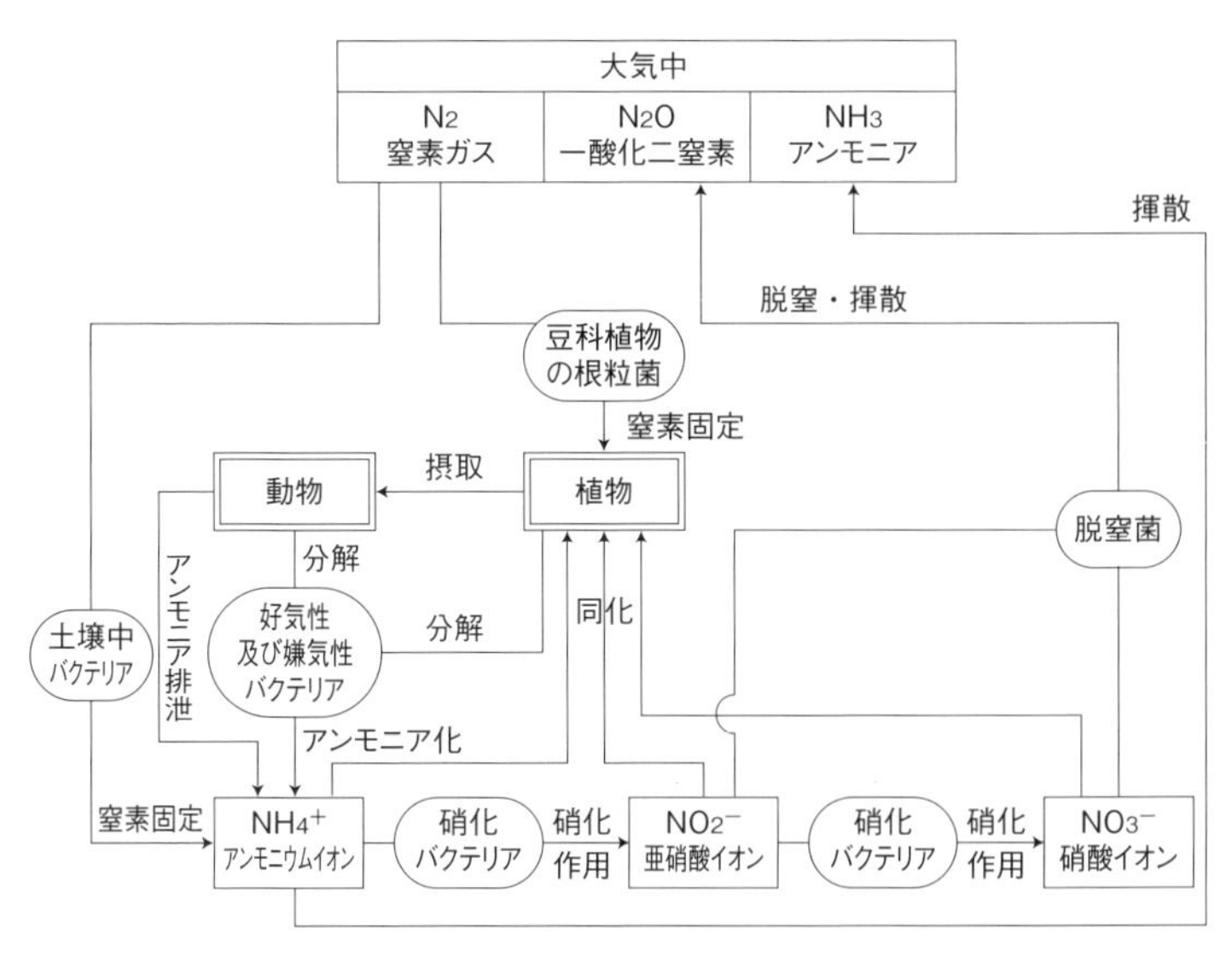

図－3　窒素の循環

大串和紀「Seneca21st【話題 5】」から転載

環境中に過剰に蓄積された窒素は、その形態を変化させながら、土壌、地下水、河川などを経て海へと流出し、その過程で湖沼や河川、海域の富栄養化、底層の貧酸素化、地下水の硝酸汚染を引き起こすほか、大気中に放出された窒素酸化物は酸性雨の原因となり、さらに地球温暖化物質としても問題を引き起こす。

窒素はプランクトンの栄養素でもあるため、水域に過剰な窒素分が存在する（富栄養化が進む）と、プランクトンの大量発生により毒性や腐臭などの水環境上の問題を引き起こす。これがいわゆる淡水のアオコ問題や海水での赤潮問題である。また、プランクトンの大量発生は、水中の酸素をも大量に消費することから、底層の貧酸素化をもたらし、底生生物などの斃死を誘発する。

地下水が硝酸態窒素で汚染されると、人の健康に害を及ぼす。硝酸態窒素は体内摂取されると赤血球のヘモグロビンと結合し、とくに乳幼児に酸素欠乏症を誘引し、また、硝酸、亜硝酸は発がん性物質であるニトロソアミン類の生成に関与するといわれている。日本では、畜産の盛んな地域での家畜ふん尿に起因する地下水汚染や、お茶の栽培地での過剰施肥による地下水汚染がみられる。

工場の煙や自動車排気ガスなどの窒素酸化物の大部分はＮＯであるが、これが大気環境中で紫外線などによりＯ$_2$やＯ$_3$などと反応しＮＯ$_2$に酸化する。これらが化学的に変化してＨＮＯ$_3$（硝酸）となって雨に溶解すると、酸性雨となる。

窒素と農業

窒素は、植物や動物のすべてのタンパク質の構成要素で、窒素がなければ生命は存在しない。植物を人間に有用な形で栽培する農業生産にとっても、窒素は不可欠な元素である。

農作物が生育するには、ＣＯ$_2$、水、光による光合成とともに、土壌から養分を吸収する必要がある。これらの養分は、人間が作物を収穫し、食べ、その排せつ物を（吸収した養分と同量）農地に戻してやらないと、土壌からしだいに欠乏し、土壌が痩せてくる。したがって、土壌に欠乏する栄養素を、外から補ってやる必要があり、これが肥料である。

窒素、リン酸、カリを肥料の三要素といい、作物がとくに多量に必要とし、肥料として多く与えられるものである。窒素には植物を大きく成長させる作用があり、葉肥とも呼ばれる。自然界では、植物は自然界の窒素循環のサイクルの中で、硝酸や亜硝酸、アンモニア（NH_3）を栄養素として利用するが、自然の状態より植物生産量を増大させるためには、人為的な窒素肥料の投与が必要となる。

化学肥料が出現するまでの農業では、人や家畜の排せつ物、里山の落ち葉、稲ワラや草木などの有機物が肥料として用いられた。また、油粕（糟）・〆粕（豆粕や魚油を搾った残滓）・干鰯なども金肥として利用され、とくに江戸時代に綿の栽培のため大量のニシンが北海道から上方に運ばれた。

１９１３年にドイツ人のハーバー・ボッシュらによって空気中の窒素ガス（N_2）からアンモニア（NH_3）が工業的に合成できるようになり化学肥料が造られるようになった。主な窒素化学肥料には、尿素、硫酸アンモニウム、石灰窒素、硝酸カリ（カリウム肥料でもある）などがある。

化学肥料の登場による農業生産力向上効果は著しく、元筑波大学教授の西尾道徳は、その著書[*31]で、日本についても「かつては堆肥やし尿などによって養分を補給していたが、その確保や施用は重労働であった。化学工業の発展によって化学肥料の単価が安くなって、農業者の施肥労働負担は大幅に軽減され、化学肥料の施用量は１９６０年代に入って急激に増加した」としている。

一方で、施肥の手軽さとコストの安さから化学肥料の消費量が増えるのに反して、有機質肥料の消費量は激減した。また、大量の化学肥料の投入は、自然界の窒素収支バランスを崩すことにもなり、さまざまな弊害をもたらすことになった。

窒素循環からみた耕種農業の課題と対応

前項「窒素と農業」で述べたように、日本でも1960年代から70年代初めにかけて化学肥料消費量がうなぎのぼりに増えた。しかし、施肥された肥料成分がすべて作物に吸収されるわけではなく、とくに野菜、工芸作物や果樹の中には、供給された無機態窒素の吸収窒素量より非吸収窒素量がはるかに多い作物が多く、窒素供給量のうち作物に吸収されずに環境へ排出される量が非常に大きくなっている。

西尾道徳[*32]によると、窒素肥料の過多は、作物および環境などに対して次のような影響を与える。

(1) 土壌への影響

①土壌の酸性化……作物が養分となる陽イオン(たとえばNH^{4+})を吸収し、陰イオンをあまり吸収しないため、土壌に残った硫酸基や塩素イオンなどが土壌を酸性化させる

②土壌の硬化……土壌団粒が減り、土壌が硬くなる

(2) 作物への影響

①ハウスにおける亜硝酸ガス障害……肥料から放出されたNH_4^+は硝化細菌によってNO_2^-を経てNO_3^-に酸化(硝化)される。窒素肥料の施用量が多いと土壌pHが5近くまで低下し、土壌中にNO_2^-が蓄積する。酸性土壌ではNO_2^-が化学的に分解されてNOガスとなって揮散し、大気中で再びNO_2^-となる。そして、密閉されたハウス内でNO_2^-は作物に吸収される。NO_2^-は強い酸化力をもち、生物一般に害を与えるので、ハウス内の作物が枯死する

②濃度障害……過剰施肥を繰り返すと土壌中の塩類濃度が高くなり、やがて土壌水の浸透圧が作物体内の水の浸透圧よりも高くなって、作物体の水が土壌に向かって絞り出されて、作物が枯死してしまう

③微量要素欠乏……作物は窒素、リン酸、カリの三大元素に加えて、イオウ、カルシウム、マグネシウムを土壌から吸収すると同時に、微量元素(ホウ素、モリブデン、銅、マンガンなど)も土壌から吸収する。肥料を過剰施用すると土壌の酸性化や過剰に施用されたカリウムなどによって微量元素の吸収が低下ないし阻害される

④その他……作物が病害虫に弱くなり腐りやすいなどの指摘がある。またコメではタンパク含量が多くなりご飯の粘りが弱くなって食味が落ちる

窒素循環からみた畜産の課題

国民の食生活の向上に合わせて日本では畜産品需要が急速に拡大した。この需要に応え、かつ外国製畜産品との競争に打ち勝つことを目的として、日本は畜産農家の規模拡大を指向し、それをかなりの程度実現し、農業施策の優等生とまでいわれてきた。

しかしながら、この規模拡大は安価な外国からの飼料穀物の輸入に依存した形で進められたため、２０１７（平成29）年度時点での純国内産飼料自給率は26％と非常に低い水準にある。ことにトウモロコシやコウリャン、大麦などの濃厚飼料の自給率はわずか13％[*33]にすぎない。

具体的に２０１７年度の輸入量をみてみると、アメリカやアルゼンチン、ブラジルなどから、トウモロコシ１０６２万ｔ、コウリャン37万ｔ、大麦97万ｔなどを飼料穀物として輸入している。２０１７年度の日本のコメの生産量が７８２万ｔであることと比較すれば、海外からいかに多くの飼料穀物が輸入されているか実感できるだろう。

牧草や稲ワラなどに依存する粗飼料も、その自給率は78％にすぎない。これは、輸入粗飼料を利用するほうが、必要なときに購入利用できるという利便性や労力の負担といった面で畜産経営上有利となるからである。

外国からの飼料の大量輸入は、言葉を換えていえば、海外から窒素を大量に輸入していることを意味する。このような国内畜産から生み出される膨大な家畜排せつ物は、日本の環境に窒素分を蓄積させており、海外へ堆肥などの形態に変換して輸出しない限り環境に悪影響を拡大させていく。

農林水産省によると、1999（平成11）年度時点では、家畜排せつ物発生量（約9000万t）の10％（約900万t）が、野積み・素掘りといった不適切な処理へ仕向けられていた。このような不適切な処理は、悪臭問題や河川への流出・地下水への浸透を通じ、閉鎖性水域の富栄養化、硝酸態窒素やクリプトスポロジウム（原虫で下痢を生じさせる）による水質汚濁を引き起こした。

このため、農林水産省では1999年に「家畜排せつ物の管理の適正化及び利用の促進に関する法律」を制定・施行し、畜産環境問題の解決を図ることにした。具体的には、一定規模以上の畜産農家に対して、

・ふんの処理・保管施設は、床をコンクリートその他の不浸透性材料で築造し、適当な覆い及び側壁を有するものとすること
・尿やスラリーの処理・保管施設は、コンクリートその他の不浸透性材料で築造した構造の貯留槽とすること
・家畜排せつ物は、施設において管理すること
・送風装置等を設置している場合には、その維持管理を適切に行なうこと
・施設に破損があるときは、遅滞なく修繕を行なうこと
・家畜排せつ物の年間発生量、処理の方法、処理量について記録すること

などの施設整備および管理の基準を定め、これを遵守するよう必要な指導・助言、勧告・命令が実施できることとしている。

この法律は２００４（平成16）年11月に本格施行（すべての規程が適用）となったが、農林水産省では、これによりほぼすべての適用対象農家において基準が遵守される状況になったとしている。

また、農林水産省の「畜産環境をめぐる情勢　平成30年7月」によれば、２０１５（平成27）年度時点における家畜排せつ物由来の廃棄物系バイオマス発生量は４８６万ｔで、そのうち４１９万ｔが利用されているとしているが、耕地単位面積当たりの家畜排せつ物発生量は都道府県間で大きな格差があり、また、取扱性（臭気、重量など）の面で問題があること、価格が高いこと、成分量が安定していないことなどから、現実には堆肥の利用が十分に進んでいるとはいいがたいのではないか。

日本の窒素循環――有機性廃棄物大国日本

窒素は動植物の活動を通じて循環しており、その成長を支える物質としての農業生産活動が大きなかかわりをもっている。そこで、ここでは人間を取り巻く農業及び食料という観点から、日本全体の窒素循環を考えてみる。

日本農業土木総合研究所が作成した２０００（平成12）年の国内農業・食品産業系の窒素収支

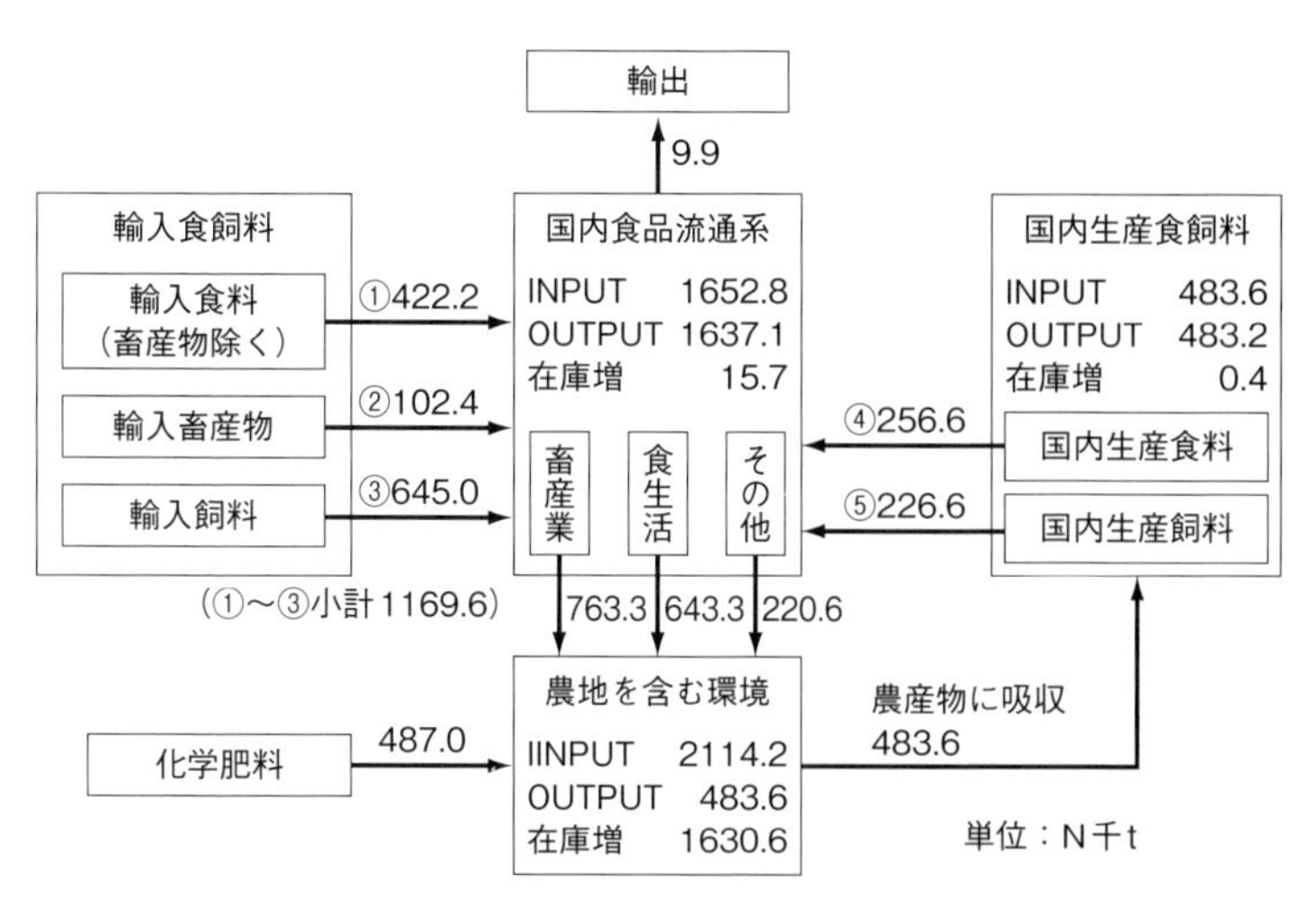

図－4　2000（平成12）年の国内農業・食品産業系の窒素収支

農業環境技術研究所「全国版養分収支算定システム」による試算値を基に日本農業土木総合研究所が作成したものを転載

は図－４に示すようになっている。

日本は大量の食料と飼料を外国から輸入しており、これを窒素収支の面からみると、「輸入食飼料は」から「国内食品流通系」にＩＮＰＵＴされる窒素量は１１６９・６Ｎ千ｔで、「国内生産食飼料」からのＩＮＰＵＴ量４８３・２Ｎ千ｔの２・４倍に相当する。

「国内食品流通系」にＩＮＰＵＴされるこれらの食飼料を消費して、最終的に「農地を含む環境」にＩＮＰＵＴされる窒素量は、畜産業、食生活、その他を合わせて１６２７・２Ｎ千ｔで、これに農地へ施用される化学肥料４８７・０Ｎ千ｔが加わる。一方、「農地を含む環境」から農産物に吸収される窒素量は４８３・６Ｎ千ｔで、差引１６３０・６Ｎ千

ｔが「農地を含む環境」に在庫増として負荷されることになる。

なお、「輸入食飼料」と「化学肥料」に含まれる窒素量の合計は、「農地を含む環境」への在庫増（負荷量）とほぼ同量である。また「農地を含む環境」にＩＮＰＵＴされる窒素の内訳別では、畜産業からの流入が７６３・３Ｎ千ｔと最大となっており、全体の36％を占めている。このことは、「農地を含む環境」にＩＮＰＵＴされる窒素として畜産の影響が大きいこと、その原因として輸入飼料の占める割合が大きいことを示している。畜産では、畜産物に蓄積される何倍もの熱量を飼料として供与する必要があり、それに伴い大量の排せつ物が発生するからである。

以上のことから、「農地を含む環境」への窒素負荷を低減するためには、輸入飼料と化学肥料を低減させることが必要なことがわかる。

なお、地域の窒素環境を考える場合、地域により賦存実態が大きく異なるので、全国的なグローバルな視点から考える必要がある一方で、地域ごとのローカルな視点も必要となる。また、窒素を肥料として受け入れることの可能な農地の面積や営農形態といったものも重要な視点となる。

【リン】

リンと生命

生命を形成する必須元素として、リン（Ｐ）も窒素と並ぶ重要な物質であるが、窒素と違い、これまで地球環境問題との関係で議論されることは少なかった。

これまでにリンが社会的に取り上げられたのは、主として水質汚染物質としてのリンの排出に関してであり、また肥料としての役割とその資源確保に関してであった。しかし、地球上での生命と物質の循環を成り立たせ、持続可能な社会を築いていくためには、生命を形成するための必須元素であるリンという物質についても、当然考慮しておくべき必要がある。

リンは、単体としては自然界に存在せず、リン酸塩、ことにリン酸カルシウムとなってリン鉱石に含まれる。また、生命体を形成する元素の一つとして動植物の体内にも含まれている。

リンは肥料や工業的な原料として多く用いられているが、その原料はリン鉱石で、そのリン鉱石は、「成因により、大きく三つに分類」される。[*34]

・モロッコやフロリダで産出されるリン鉱石のように、海洋中の生物の残骸の堆積物が地殻の変動により隆起してできたもの

・ロシア、南アフリカで産出されるリン鉱石のように、地下のマグマの作用により生成された火成岩質のもの

・南太平洋上の島々でみられるように、鳥類のふんや遺骸が堆積し、そこから溶けたリンとサンゴ等のカルシウムが長い年月に反応してできた海洋性のもの（グアノ）

リン鉱石の用途としては、化学肥料の原料として使われるものがもっとも多く（約77％）、リン鉱石から製造されるリン酸肥料の種類としては、過リン酸石灰、重過リン酸石灰、溶成リン肥、

焼成リン肥、リン安（リン酸一アンモン、リン酸二アンモン）、リン硝安などがある。また、農薬や殺虫剤としての利用も多い。

このほか、リンの化合物は研磨剤として歯磨きなどに含まれ、口腔衛生に関係する製品にもリン酸化合物が数多く利用されている。また、コーンフレークや飼料にリン酸化合物が含まれるほか、ハムやチーズにも使用される。燃料の不凍液、繊維製品の難燃加工、製紙工業における消泡剤などに、さまざまな種類のリン酸化合物が利用されている。

前述したように、リンは、あらゆる生物の構成元素の一つで、たとえば、動物の体を構成する元素の湿潤重量（水を含んだ重さ）比をみると、リンは酸素、炭素、水素、窒素、カルシウムに次いで、6番目に多く存在している。

リンは遺伝子の本体を形作り、また、酵素の原料として呼吸、エネルギー運搬や貯蔵などをつかさどっている。

このように、リンはすべての生物にとり欠くことのできない元素で、リンがなければ、人間を含めて地球上のあらゆる生物は、一日たりとも生命活動を維持することができない。

リンと農業

土壌中にリンが不足すると、根が伸びず、葉が小さく、光沢がなく、暗い青銅色となり、開花、結実が遅れる。このためにリン酸肥料が施されることになる。

植物に吸収される土壌中のリンは、可溶性リン酸と水溶性リン酸だが、日本でよくみられる赤土などの火山灰土壌の中では、リン酸は土に含まれている鉄やアルミニウムなどと結びついて水に溶けなくなり、植物が利用できなくなる。この固定力は土壌の種類により大きく違い、これを診断する基準としてリン酸吸収係数が用いられている。リン酸吸収係数の高い土壌には、リン酸の施肥量を増す必要がある。

カルシウムと結合したリン酸は、土壌のpHが6〜7程度で一部溶け、また、植物の根から分泌される酸によっても溶けるので、作物によく吸収利用される。一方、アルミニウムや鉄と結合したリン酸は水に溶けないためほとんど吸収利用されない。

ここで、人間とリンの関係をみてみよう。

人はリンを食物から摂取し、命をつないでいる。その食物の多くは人の手で栽培されたもので、食物（農産物）の生産量を増やすためには、リンの施肥が欠かせない。

現在、地球上に約76億の人間が生存し、その繁栄を謳歌できているのは、まさにリン肥料のお蔭であるといっても過言ではないが、そのことを認識している人は意外と少ないのではないだろうか。

自然界におけるリンの循環

基本的にリンは比重が重いので、自然に任せていればリンは山から川などを経て海底深くに沈降していくという一方的な動きとなる。しかし長い地質学的な時間でみれば、リンは大きな循環の中にある。たとえば、地質時代に海底で形成されたリンの堆積物（リン鉱石など）が、地殻変動などによって地表に現れ、その後しだいに侵食され、リン酸塩に変化して生態系を養う。このとき、多くのリン酸塩は海に流れ、その一部は浅海の沈殿物の中に堆積し、一部は深海の堆積物となる。深海に堆積したリンは、再び長い年月をかけリン鉱石などとなり、地質学的な年数を経て隆起し、大きな循環を繰り返す。

一方で、水中に溶け込んだリンによってプランクトンが繁殖し、小魚がそれを食べ、さらに鳥が食べるという食物連鎖によって、リンは生物濃縮されていき、鳥が地上でふんをして再び陸にリンが戻るという循環も形成されている。また、鮭のように河川に戻る魚や漁業活動によっても、重力に逆らってリンをより高い場所へ運び上げるという循環のルートが形成されている。海鳥によるリンの循環は、ペルー海岸のばく大なグアノ堆積をみれば明らかであるが、その量は長い地質学的な時間をかけて形成されたものであり、毎年の循環量は、現在のリン鉱石採取量に比べればごくわずかなものである。

このように、リンには地殻変動をともなうような地質学的な時間での循環と、生物の営みによって生まれる循環によって、地球規模での物質循環が成り立っているが、その循環スピードは、とくに前者の場合、きわめて遅々としたものである。このため、人類の活動にともなう現在のような リン資源の消耗は、短期間の生物による営みにともなう循環にも大きな期待ができない以上、資源回復がほとんど見込めないこととなる。

つまり、リンの消費とは、「自然が長い年月をかけてリン鉱石にまで濃縮したリンを、人間が土や水の中に低い濃度で分散させる行為[*35]」であり、「ひとたび土壌や水の中に広がると、再び集めるために膨大なエネルギーとコストがかかる[*36]」ので、資源の枯渇が避けられない資源となっている。

リン酸肥料の課題

リン鉱石の産出量のもっとも多い国は中国で、それにモロッコと西サハラ、アメリカ、ロシアが続く。埋蔵量はモロッコと西サハラが飛び抜けて多く、中国、アルゼリア、シリア、南アフリカ、ヨルダン、ロシア、アメリカ、オーストラリアと続く。このように、リン鉱石の産地は特定の国・地域に偏っているという特色がある。

なお、世界のリン鉱石の生産量は年々増大しており、とくに経済成長の著しい中国の伸びが目立つ。

リン鉱石の埋蔵量に関する最近のデータでは、年間産出量2・2億t、経済埋蔵量が670億tとなっており、これから推定した可採年数は、670億t÷2・2億t＝約300年となっている[*37]。

このように、リン鉱石資源には限りがあるものの、300～400年間はリン酸肥料の製造が可能であるとみられている。しかし、リン鉱石の有限性に変わりはなく、リン資源をめぐる問題は根本的なところで何も変わってはいない。

農林水産省の資料（「肥料をめぐる事情」平成29年10月）によると、日本における化学肥料（窒素、リン酸、カリ成分の合計）の需要量は、耕地面積の減少、単位面積当たりの施肥量の抑制などにより、年々減少しており、化学肥料の生産量、輸入量とも減少している。しかし、世界の化学肥料消費量は、人口の増加、穀物生産量の増加などにともない、年々増加傾向にある。リンは鉱物資源に依存しており、その埋蔵量には限界があることから、リン肥料が使えなくなれば、農産物の生産量が大きく落ち込むことを肝に銘じておく必要がある。

日本におけるリンの収支

日本ではリン鉱石はまったく産しない。このため、全量が外国からの輸入となっている。

少し古い分析だが、和歌山工業専門学校教授の鶴巻（つるまき）峰夫ら[*38]によると、２００２（平成14）年ベースの日本におけるリンの収支は次のようになっている。

国内には、

食品・飼料・その他製品として32・9万t、

リン酸系肥料として14・1万t、

リン鉱石として11・1万t、
その他鉱物資源含有として15・7万t、
国内鉱業・自然起因として2・2万t、
合計76・0万tのリンが持ち込まれているが、これが農業利用、工業利用や人の消費、下水処理などを経て、最終的には、
35・6万tが土壌に、
建設資材・工業製品に21・2万tが蓄積され、
また、9・4万tが廃棄物処理され、
水域に5・5万tが放流され、
輸出に0・3万t
という姿に変わる。
このように国内に持ち込まれたリン（76・0万）のうちの大部分（50・5万t）が土壌蓄積や廃棄物、水域放流に変わり、資源としての有用性が失われている。

資源のリサイクルによりリンの消費量を削減する

リン資源の希少性と有限性から、リンの循環利用の必要性は以前からいわれているが、[*39]現在試みられているのは、鉄鋼スラグの活用、下水道からのリンの回収、畜産廃棄物からのリンの回収

である。

鉄鉱石に含まれているリンは鉄鋼の特性に悪い影響を与えるため、精錬過程で徹底的に除去されている。このため、製鉄時の副産物である鉄鋼スラグには、濃度は低いもののリンが濃縮され、古くからスラグをリン酸肥料（鉱滓リン酸肥料）に加工している。*[40]

下水処理場で生じる下水汚泥には、リンが多く含まれている。黐巻らによれば、環境省の「日本の廃棄物平成17年度版」を基に現状技術を適用した場合の日本におけるリン資源回収可能量は、年間2・45万ｔと試算されている。

産業廃棄物、製鋼スラグおよび下水からリンのリサイクルが進めば、リン鉱石またはリン製品として輸入されるリンに対して、最大72％（23万ｔ／32万ｔ）ものリンがリサイクルされることになるとの指摘*[41]もある。

リン資源を守る観点から農業生産を見直す

農業分野においては、肥料リンの利用効率を高めるとともに、過剰なリン肥料の施用を避ける必要がある。

大阪大学の大竹研究室*[42]によると、日本の農地には酸性の火山灰土壌が多く、リンが吸着されて固定化されやすいため、リン肥料は多めに投入されてきた。肥料として農地に散布されるリン量は年間約40万ｔあるが、そのうち約10％に相当する4万ｔ程度しか農作物として回収されていない。このため、農林水産省では、肥料価格の高騰に対処する目的もあって、農地へのリン投入量を今後20％削減する政策を発表している。もし今後、リン肥料の使用量が約20％削減されれば、肥料として農地に投入されるリン量は、年間約32万tで済むことになる。

西尾道徳[*43]は、現在のリンの過剰施用を止めて、土壌へのリンの蓄積を大幅に減らす戦略を構築するための視点として次の4点を挙げている。

A：作物のリン要求量の削減……作物の生育速度や種子の品質、栄養的価値や活力を損なわずに、リンの取り込み量を減らす余地が残されているので、戦略的にそのような育種を行なう。

B：土壌の遺産リンの活用……大方の先進国は、作物の生育や収量がリンによって制限されないように、土壌中の可給態リン（通常の作物が吸収できるリンのこと）でのレベルを一定（臨界）レベル以上に高く維持するように、施肥基準などで要求している。その結果、多くの集約的農業地帯で、時間とともに土壌中にリンが多量に蓄積していった。この土壌に蓄積したリン（「遺産リン」）の量を把握し、それを活用する方法を開発する。

C：リンのリサイクル利用……下水汚泥、し尿、畜産排水などから回収されたリン酸マグネシウムアンモニア（magnesium ammonium phosphate：MAP）を、リン酸肥料の代替物として利用する。

D：作物によるリン利用率の向上……ターゲットとする重要な生育段階にリンを放出できるよ

うに、より効率の高い肥料の製剤化や施用方法を開発する。

畜産廃棄物を堆肥などとして積極的に利用する

日本では、リンを含有する家畜排せつ物、生ごみ、排水処理汚泥などの一部については、古くから「堆肥」などとして利用され、農地を介したリサイクルが行なわれてきた。

家畜ふん堆肥には即効性の水溶性リン酸が約20％、緩効性の水不溶性クエン酸可溶性リン酸が約60％含まれており、化成肥料のリン酸と同等以上の肥効を示す。したがって、堆肥由来のリン酸を考慮して化成肥料の削減を行なうことで、ほ場への過剰なリン酸施用を防ぐことができ、施肥コストの削減につながる。なお、家畜ふん堆肥に含まれるリン酸含量は畜種によって異なり、牛ふん堆肥と比較して鶏ふん堆肥および豚ぷん堆肥のほうが多い。

また、作物体へのリンの回収率（吸収率）は、家畜ふん尿および下水汚泥のほうが化学肥料リンよりも高いとされる。これは、家畜ふん尿や下水汚泥のような有機残渣中で、有機物に保護されてリンの土壌への直接接触を回避でき、しかも、その中の有機態リンは植物吸収に合わせて無機化されることで、土壌に吸着されて難溶化することから長期的に保護されているから[*44]とされている。

家畜のふん尿などからのリンの回収も有望である。標準的な条件では、1m^3の豚舎排水から最大で約170gのMAPを回収できる。回収したMAPは、肥料会社などが精製加工することなく、天日乾燥しただけでそのまま肥料として利用できることが確認されている。[*45] 鶏ふん焼却灰も未利用リン資源として注目されている。とくに水分含有率の低い鶏ふんは自燃可能であり、ボイラー燃料の一部として利用できるばかりか、焼却灰にはリン、カリや石灰などが豊富に含まれ良質な肥料原料になる。[*46]

限りある資源であるリンを有効に活用し、食料生産量を末永く維持していくためには、リン鉱石から生産された化学肥料の消費量をできる限り削減するとともに、食品や飼料の残渣、下水や廃棄物、家畜ふん尿を堆肥として活用し、リンの循環の輪を大きくしていくことが必要である。農業に堆肥を活用するためには、耕畜連携が重要となり、有機農業への取り組みが不可欠となる。また、限られた世界のリン資源と日本のバーチャルリン（輸入食飼料生産に使われたリン）のことを考えると、農業でのリンの使用量を減らしたうえで、国内での農業生産そのものを活性化させる必要がある。

第４節　生命が循環しなければ物質は循環しない

地球上の生物はすべて先祖を同じくし、つながっている

無機物からなる地球になぜか38億年前に生命が誕生した。かつて生息した、現在生息する生物

の共通の先祖である。

生命は進化の過程で多くの種を生み出したが、現在地球上には、既知の生物だけでも175万種、まだ知られていない生物を加えると500万~3000万種いるといわれており、私たち人類はその一種にすぎない。

生物多様性国家戦略に関する環境省の歴代のパンフレットなどのタイトル

「いのちは創れない」(新・生物多様性国家戦略　2002年)

「いのちはつながっている」(中・高生のための生物多様性ハンドブック　2007年)

「いのちは支えあう」(生物多様性国家戦略2010)

「めぐみの星に生きる」(生物多様性国家戦略2012-2020)

は、このことをうまく表現している。

これまでにない絶滅の危機を迎えている

生物は、長い進化過程において5回の大絶滅を経験している。地球の地殻変動や宇宙から隕石の飛来などにより地球環境が大変動し、数万年から数十万年にわたって、全生物の70%から95%が絶滅したといわれている。

しかし、現在直面している第6の絶滅危機は、これらと大きく様相が異なる。一つは、それが地殻変動や宇宙に原因するのではなく、同じ生物の一種であり、また仲間である人類により引き起こされていることである。二つは、その進行速度が次のように速く、すでにプラネタリー・バウンダリーを超えているとされている。

・古代においては1000年の間に1種類
・200～300年前には4年で1種類
・100年前には1年で1種類
・1975年には1年間で1000種
・最近の1年間で同じく4万種以上

なぜ絶滅するのか

「生物多様性国家戦略2012–2020」では、人間活動が生物多様性に与える負の影響を、次の四つに整理している。

・第1の危機：開発など人間活動による危機
・第2の危機：自然に対する働きかけの縮小による危機
・第3の危機：外来種など人間により持ち込まれたものによる危機
・第4の危機：地球温暖化や海洋酸性化など地球環境の変化による危機

各々の具体的な例としては、次のようなものがある。

・第1の危機：水田には多くの生きもの（害虫100種、益虫300種、害虫でも益虫でもない〝ただの虫〟700種）がいるが、害虫を（意識して）駆除するため農薬を散布することにより、（無意識に）益虫、〝ただの虫〟を殺している

・第2の危機：稲作の伝来、水田の開発とともに日本列島に蘇った蛍は、棚田が耕作放棄されるとともに姿を消す

・第3の危機：西洋タンポポに在来のタンポポが追われ、一部は絶滅危惧種になっている

・第4の危機：温暖化により現在地が生育・生存に適さなくなった生物は短期間に適地を求め移動することができず、絶滅する

生物の恵みを受け続けるために

水田を例にする。

日本では、この小さな島国を人類の生存基盤としていくために、生物の恵み（生態系サービス）を継続的に受けることができるように、人の手でさまざまな働きかけをしてきた。

たとえば、水田には欠かせない水を得るために森林を守る。この森林は清浄な大気と水を生み出す（基盤サービス）。水田からは食料（コメ）だけでなく、ワラから用具、建築材料、飼料、燃料、肥料を、さらに水田に生息する生物から貴重なタンパク質を得てきた（供給サービス）。また水田の営みは祭礼を生み出し（文化的サービス）、山、川、耕地、集落の安全と安定をもたらした（調整サービス）。

「生物多様性国家戦略２０１０」では、生物多様性の保全と持続可能な利用の重要性を示す理念として次の四つが挙げられている。

第１の理念「すべての生命が存立する基盤を整える」

第２の理念「人間にとって有用な価値を持つ」

第３の理念「豊かな文化の根源となる」

第４の理念「将来にわたる暮らしの安全性を保証する」

国際的な取り組み

１９９２年６月の国連環境会議（地球サミット）で採択された生物多様性条約は、希少種の取引規制や特定の地域の生物種の保護を目的とする既存の国際条約（絶滅のおそれのある野生動植物の種の国際取引に関する条約（ワシントン条約）、とくに水鳥の生息地として国際的に重要な湿地に関する条約（ラムサール条約）など）を補完し、生物の多様性を包括的に保全し、生物資源の持続可能な利用を行なうための国際的な枠組みで、次の三つの目的をもっている。

①生物多様性の保全

②生物多様性の持続可能な利用

③遺伝資源の利用から生じる利益の公正かつ公平な利用

２００２年に開かれた生物多様性条約第６回締約国会議（ＣＯＰ６）では、「生物多様性の損失速度を２０１０年までに顕著に減少させる（２０１０年目標）」こととしたが、２０１０年の「地球規模生物多様性概況第3版（Global Biodiversity Outlook 3：ＧＢＯ3）」では、「２０１０年目標は達成されず、生物多様性は引き続き減少している」と報告されている。

２０１０年10月に愛知県名古屋市で開催されたＣＯＰ10では、生態系が不可逆的な変化をする「臨界点（tipping point）」を回避するため、「戦略計画２０１１−２０２０」（愛知目標）が採択され、２０５０年までに「自然と共生する世界」を実現する長期目標（Vision）と、２０２０年までに「生物多様性の損失を止めるために効果的かつ緊急な行動を実施する」短期目標（Mission）が設定された。

またＣＯＰ10を契機に、世界各地の二次的自然地域において、自然資源の持続可能な利用を実現するため、国際機関や各国とも連携しながら、「ＳＡＴＯＹＡＭＡイニシアティブ」を効果的に推進するための国際的な枠組みが設立されていることは第2章第2節でも記した。

日本の取り組み

日本は、北緯20度から北緯45度の南北約３０００㎞にわたる島嶼（とうしょ）から構成され、また山岳と海岸の複雑な地形に季節風と四季による気象条件が加わり、多様な生物環境が形成されている。加えて、火山活動や地震・津波による環境撹乱もあり、既知の生物種数9万種以上、まだ知られていないものも含めると30万種の生物に恵まれ、世界的にも生物多様性の保全上重要な地域とされている。しかも農地の開発・整備、水利施設の構築、人工林の多さや薪炭利用など、古くから日本の国土には人の手が入り、人々と共生する自然が形成されている。

日本は、生物多様性条約にもとづき、1995（平成7）年、2002（平成14）年、2007（平成19）年、2010（平成22）年、2012（平成24）年の5回にわたって、生物多様性国家戦略を決定している。また、この間、2008（平成20）年には生物多様性基本法を制定している。

「生物多様性国家戦略2012–2020」は、日本が議長を務めた2012年のCOP10の成果などを踏まえて策定したもので、愛知目標の達成に向けたロードマップとして、また自然共生社会の実現に向けた具体的な戦略として位置づけられている。

農村地域における取り組み例

農村地域における具体的な取り組みの例を挙げると、

①農林水産省では、2001（平成13）年度から田んぼまわりにすんでいる生きものの現状を明らかにするため、環境省と連携して、全国で「田んぼの生きもの調査」を実施している。

②1999（平成11）年に食料・農業・農村基本法が制定され、「農業の持続的な発展と農業農村の多面的機能の発揮が食料の安定供給と農村の振興をもたらす」という基本理念が提示されたことから、同年、その理念に呼応して、農村環境整備センターが「教育的機能を高め

る農業農村整備研究会」を設置し、田んぼや水路、ため池、里山などを遊びと学びの場として活用する環境教育「田んぼの学校」を提唱した。それ以降、「田んぼの学校」が全国各地に広まり、400余のグループで活動が行なわれている。また、同センターでは農林水産省と環境省の後援を受け、2003（平成15）年度から「田園自然再生コンクール」を実施し、現在は、田園自然再生に取り組む団体の「田園自然再生の集い」としてその活動が継続されている。

③農林水産省所管の農地の整備を行なうための基本法である「土地改良法」が2001（平成13）年6月に改正され、土地改良事業の実施にあたっての原則に「環境との調和に配慮すること」が位置づけ（新法第1条第2項）られた。これは、土地改良事業が、農地の面的な整備や農業水利施設の建設など環境に人為による作用を加えるものであり、事業実施区域およびその周囲の環境に対して一定の負荷を与える可能性を有するものであることから、事業実施にあたって、環境との調和に配慮しつつ必要な施策を講ずることとしたものである。

農林水産省では、土地改良法の改正を踏まえ、環境との調和への配慮の視点などをとりまとめた「農業農村整備事業における環境との調和の基本的考え方」、環境にかかわる調査、計画、設計の基本的考え方や留意事項をとりまとめた「環境との調和に配慮した事業実施のための調査計画・設計の手引き」を作成・公表している。

なお、Seneca21st の話題13、15、19、20、23、28、40、46に、具体的な事例が紹介されている。

循環を持続するためには生物多様性が不可欠である

生物は同種、他種を問わずさまざまな形で自分以外の生物個体を利用して生きている。その中でもっとも典型的にみられる利用法が他者の捕食で、生産者（太陽エネルギーを捉えて成長する植物など）、第1次消費者（草食動物など）、第2次消費者（肉食動物など）、分解者（微生物やカビなど）からなるピラミッドを構成している。上の段階の生物は下の段階の生物を捕食し、活動に費やした残りを体内に蓄積し、これをさらに上の段階の生物が捕食する。この連鎖において、多くの場合、下位のものほど個体が小さく、その個体数が多い傾向があり、上にいくほど固体は大きく個体数は小さくなる。この場合、下の段階の生物がすべて捕食されることは、上の段階の生物の生存のために、決してあり得ない。このように生物は生態系の中で循環しており、ある段階の消費者（あるいは生産者）が消える（絶滅する）ことは、その上位の生物の生存を断ち生態系に大きな変化をもたらすことから、自然の中では起こりがたい。このように、いのちはつながっており、いのちは支え合っており、一度絶滅した命（いのち）は創れないのである。

生物は有機物である。生態系ピラミッドの最高次の生物はいずれ死に、土や水に還り、分解者により捕食され、最後は無機物となる。

このように、生態系の食物連鎖を通じて、いのちと物質が循環するようになっており、生物抜きで、物質の循環をコントロールする途はない。しかし、人間は、自らの欲望から、生物による物質と生命の循環を壊している。

例を挙げよう。

地質時代の生物が地中に集積され、長年かけて分解されて石油となっている。これを人間は短期間に地上に取り出し、エネルギーとして利用して、最後はCO_2として大気に放出させている。放出されたCO_2が、再び植物に捕食されて生態系ピラミッドによる循環を経て元の石油に戻ることは、文明の時間スケールではあり得ない。このため、植物が捕食できる以外のCO_2は大気中に滞留して温暖化の原因となり、あるいは海中に溶け、酸性化の原因となっているのである。

家畜のふん尿問題も同じである。他所の地で育てられた穀物（主として窒素からなる）を移入し、これを家畜の餌とすれば、ふん尿として窒素が畜産地域に蓄積する。これを移入元に戻すか（現実的には無理）、捕食できる植物がない（ないから移入している）限り、この地域には窒素があふれ、水域・海域に滞留する。窒素の源は大気であるが、過剰な窒素を無害な状態で大気へ戻す方法はいまだ見つかっていない。

1910年代にハーバー・ボッシュ法が発明されて以来、人類は大気と水からパンを得たが、それからずっと大地と水域を汚し続け、自らの生存基盤を危うくしているのである。

第5節　気候変動による農業への影響

気候変動の態様

第1章第3節で述べたように日本はこの100年間に地球の温暖化により気温が1・21℃上昇している。また次のような地球温暖化にともなう異常気象が頻発している。

2018（平成30）年6月29日、関東甲信地方は平年より23日も早く梅雨明けした。6月の梅雨明けは1951（昭和26）年の統計開始以降初めてで、梅雨の期間は23日間と異例の短さとなった。

一方、7月上旬には西日本で広範囲に豪雨が続き、斜面崩壊、堤防の決壊などにより死者・行方不明者が230人を超える大きな被害をもたらした。豪雨の後の7月中旬には「命に危険を及ぼすレベルで、災害と認識している」と気象庁が表明するほどの猛暑が続き、埼玉県熊谷市では41・1℃の最高気温を記録した。さらに、7月末に発生した台風12号は、これまでとは逆の東から西に向かう異例のルートをとり、豪雨被害を受けていた中国四国地方などを混乱に陥れた。

これらの異常気象は、いずれも温暖化の影響とみられている。

各地域で気候変動への適応策を

気候変動の原因となる温室効果ガスの排出削減については、第1章第3節のように国際的な対応が講じられようとしているが、すでに世界の平均気温は上昇し、またすでに大気には生態系が吸収できなかった多量の炭酸ガスが滞留し、CO_2排出削減の実効があがるまでにはさらに積み増しがあることから、気候変動がさらに激しくなることは避けられないだろう。社会経済は、これに的確に適応しなければ持続できない。

ＩＰＣＣは、第1部会の「気候システムと気候変動の科学的知見の評価」と同時に、第2部会の「社会経済システムや生態系の脆弱性、気候変動の影響と適応策の評価」も報告しているが、自然条件がさまざまに異なる各地域での適応策は、きわめて地域的なものとならざるを得ず、それぞれの国や地域が置かれた環境により対策は異なってくる。

農業に密接に関係する気候変動

まず、農業に密接に関係する気候変動をＩＰＣＣの第5次第1作業部会報告書（２０１３年）から抜き出してみる。

①気温

過去30年のそれぞれの10年は、先行する１８５０年以降のすべての10年より温暖であり、陸上および海氷面を合わせて世界平均した気温データは１８８０～２０１２年の期間にかけて０・

85℃の上昇を示している。
21世紀末（2081～2100年）の気温は、現在（1986～2005年）よりも上昇し、
温暖化対策がない場合には　平均で＋3・7℃（＋2・6～＋4・8）
対策が小さい場合には　平均で＋2・2℃（＋1・4～＋3・1）
対策が中程度の場合には　平均で＋1・8℃（＋1・1～＋2・6）
最大の対策がとられた場合には平均で＋1・0℃（＋0・3～＋1・7）
となる。

②降水量

北半球中緯度の陸域平均で降水量は増加している。

地域的な例外はあるかもしれないが、湿潤地域と乾燥地域、湿潤な季節と乾燥した季節の間での降水量の差が増加するだろう。

③極端現象（特定の地点と時期においてまれにしか起こらない極端な気象の現象）

ほとんどの陸域で暑い日や暑い夜の頻度の増加、寒い日や寒い夜の頻度の減少や昇温、継続的な高温／熱波の頻度や持続期間の増加、大雨の頻度、強度、大雨の降水量の増加、極端に高い潮位の発生や高さの増加がある。

世界平均気温が上昇するにつれて、ほとんどの陸域で日々および季節の時間スケールで、極端な高温がより頻繁になり、極端な低温が減少する。

世界平均地上気温が上昇するにつれて、中緯度の陸域のほとんどと湿潤な熱帯域において、今世紀末までに極端な降水がより強く、より頻繁となる可能性が非常に高い。

④水利・防災

年降水量の変動幅が大きくなり、短期間に強く雨が降る傾向。田植え時期や用水管理の変更など水需要に影響。農地の湛水被害などのリスクが増加する可能性が高い。

気候変動の日本農業への影響とそれへの適応策

農林水産省が２０１８（平成30）年11月に改定した「農林水産省気候変動適応計画」における気候変動の影響と主な適応策を、農林水産省作成の概要版からみてみると以下のようになっている。

①水稲

高温による品質の低下。高温耐性品種への転換が進まない場合、全国的に一等米比率が低下する可能性。

↓　高温耐性品種の開発・普及。肥培管理、水管理等の基本技術の徹底。

②畜産

高温による乳用牛の乳量・乳成分・繁殖成績の低下。肉用牛、豚、肉用鶏の増体率の低下。高温・小雨などによる飼料作物の夏枯れや虫害。

→ 畜舎内の散水、換気など暑熱対策の普及。栄養管理の適正化など生産性向上技術の開発。飼料作物の高温・小雨に適応した栽培体系・品種の確立。

③果樹

リンゴやブドウの着色不良、温州ミカンの浮皮や日焼け、日本なしの発芽不良などの発生。リンゴ、温州ミカンの栽培適地が年次を追うごとに北上する可能性。

→ リンゴやブドウでは、優良着色系統や黄緑色系統の導入。温州ミカンよりも温暖な気候を好む中晩柑（ブラッドオレンジ等）への転換。

④農業生産基盤

年降水量の変動幅が大きくなり、短期間に強く雨が降る傾向。田植え時期や用水管理の変更など水需要に影響。農地の湛水被害などのリスクが増加する可能性。

→ 排水機場・排水路などの整備、ハザードマップの策定など、ハード・ソフト対策を適切に組み合わせ、農村地域の防災・減災機能を維持・向上。

⑤森林・林業

森林の有する山地災害防止機能の限界を超えた山腹崩壊などにともなう流木災害の発生。豪雨の発生頻度の増加により、山腹崩壊や土石流などの山地災害の発生リスクが増加する可能性。降水量の少ない地域でスギ人工林の生育が不適になる地域が増加する可能性。

→ 治山施設の設置や森林の整備等による山地災害の防止。気候変動の森林・林業への影響について調査・研究。

⑥水産業

日本海でブリ、サワラ漁獲量の増加、スルメイカの減少。南方系魚種の増加、北方系魚種の減少。養殖ノリの種付け時期の遅れ、収穫量の減少。海洋の生産力が低下する可能性。

↓ 産卵海域や主要漁場における海洋環境調査や資源量の把握・予測。高水温耐性を有する養殖品種の開発。

各地域では、これらの方向を踏まえた、より具体的な対応策の検討が必要になるが、平均気温の上昇は、寒冷地での農業生産を増やすという一面もある。もともと日本の農業は、南北に長い国土を活かしながら多様な農業を営んできた。この経験を活かしながら、さらなる農業の活性化が実現できないだろうか。期待したい。

なお、農業生産基盤、とりわけ水利施設の根本的な見直しについては、第7章第3節において詳述する。

参考文献

＊30 コリン・タッジ著、竹内久美子訳『農業は人類の原罪である』新潮社（2002）
＊31 西尾道徳著『農業と環境汚染』農山漁村文化協会（2005）

＊32　＊31と同じ
＊33　農林水産省「飼料をめぐる情勢」（データ版）（２０１８）
＊34　大竹久夫編著『リン資源枯渇危機とは何か』大阪大学出版会（２０１１）
＊35　＊34と同じ
＊36　大竹久夫「リンリファイナリー技術」生物工学第90巻第8号（２０１２）
＊37　西尾道徳「リン鉱石埋蔵量の推定値が大幅に増加」西尾道徳の環境保全型農業レポートNo.２３４（２０３）
＊38　覊巻峰夫、吉田綾子、星山栄一「リン資源循環を実現するシステム構築のための基礎的条件に関する検討」環境システム研究論文集Vol.36（２００８）
＊39　西尾道徳「必要な新しいリン酸施肥戦略のための研究」西尾道徳の環境保全型農業レポートNo.２６０（２０１４）
＊40　西尾道徳「望まれるリンの循環利用」西尾道徳の環境保全型農業レポートNo.１１２（２０１４）
＊41　大竹久夫「新しいグリーン産業としてのリン資源リサイクル」環境バイオテクノロジー学会誌Vol.10　No.2（２０１０）
＊42　＊41と同じ
＊43　＊39と同じ
＊44　西尾道徳「家畜ふん尿や下水汚泥に含まれるリンの利用効率向上」西尾道徳の環境保全型農業レポートNo.２７９（２０１５）
＊45　＊40と同じ
＊46　＊41と同じ

第6章 健全で活発な農業生産を

地球環境は物質と生命の循環が機能することにより維持・保全されてきた。農業の営みは、この機能に依存し、また農地を拓き、優良種を選び、肥料を施し、灌漑することでこの機能を促進させ、生産量を増やし、人口を養い、文明を育んできた。しかし近年の日本の農業（林業も同じ）は、この機能を十分に活かさず（活発でなく）食料生産を停滞させ、またこの機能を損傷させて（健全でなく）環境に負荷を与えている。

国土の8割で営まれる農林業において、物質と生命の循環を回復させることは、国の安全保障に役立ち、国土経営の安定をもたらし、地球環境の保全にも資する。その方策を具体的に考えてみよう。

第1節　世界の食料事情が緊迫するなかで国民を養っていけない

日本農業は国土を十分に利用しなくなり、活発でない

明治維新時の日本の人口は世界第6位であった。この人口を、山地の多い列島で養うために、先人は山と川を治め、狭い沖積平野と干潟と傾斜地に農地を拓き、水を導き、緻密な営農技術を駆使してきた。第2章第2節で述べた〈水土の知〉の賜物である。

このような国土経営は高度経済成長が始まる昭和30年代まで続き、1960（昭和35）年には600万ha余の農地で9000万人余の食料を80％近く賄っていた。これが、現在では表－3にみるように、農地面積は450万haに激減し、1億2600万人余に増加した国民を養うことができない状況にある。

日本は、高度経済成長の過程で優良農地を都市的利用に転換しただけではない。農地面積が減少するなかで、42万ha余の農地で

表－3　人口・農地面積・食料自給率・農地利用率の変化

項目	1960（昭和35）年	2015（平成27）年
人口	9430万人	1億2671万人
農地面積	607万ha	450万ha
単位農地面積当たり養うべき人口	16人/ha	28人/ha
食料自給率	79%	39%
農地利用率	134%	92%

耕作が放棄され、農地の利用率も大幅に低下するなど、農業生産活動が活発でなくなった。

かつては、国民一人当たりの耕地面積がきわめて小さいという制約を克服するために、耕境の拡大と併せて耕地の高度利用（各作目の単位収量と作付回数の増大）が図られてきた。有薗正一郎[*47]によれば、19世紀後半から20世紀前半における日本の平均耕地利用率は130％前後であった。1950（昭和25）年前後には第二次世界大戦中および大戦後における食料確保政策の影響で、耕地利用率はさらに引き上げられ、150％を超えていた。しかし、現在は92％まで低下している。

「水田でコメと麦の二毛作を行なえば、光合成による酸素の生産量（CO_2の吸収量）は熱帯雨林のそれに迫る[*48]」ともいわれるが、耕地利用率を低下させることは農地における物質と生命の循環機能酸を低下させ、国土のもつバイオキャパシティの発揮を阻害していることにもなる。

なぜ活発でなくなったのか

戦後の目覚ましい経済成長と国際化の進展のもとで、農業・農村に次のようなさまざまなゆがみが生じ、農業が活発に行なわれなくなった。

①終戦後20年余でコメの自給が達成されたが、国民の所得増大にともなう食料消費の高度化などでコメ消費の需給にギャップを生じ、休耕・転作により農地利用率が低下した。

②農業従事者が他産業従事者と均衡する所得確保を目指したが、都市化・工業化による地価高

騰で農地の資産保有傾向が高まり農地の流動化が進まず、土地利用型農業において規模拡大が停滞した。

③農業の魅力が薄れたため、農家の子弟は農村から都市へと流出し、農業後継者が育たず、国においてもその有効な対策が打てなかった。

④農業従事者の減少・高齢化が進行するなかで、効率的かつ安定的な経営が生産の大宗を担う農業構造を実現できなかった。

⑤農村、とくに中山間地域において過疎化が進行し、地域資源が活用されなくなり、国土経営が不安定となった。

⑥長年にわたり農地の転用・耕作の放棄・農地利用率の低下が進み、食料自給率が低下した。加えて、日本の経済構造が、工業製品の海外への輸出によって支えられたことから、海外との貿易摩擦を解消するため農産物輸入の自由化が進められ、食料の海外依存が進んだ。これは農業の魅力をいっそう失わせるものとなった。

なぜ農業生産の大宗を担う経営体が育成されてこなかったか

ここで、今後の農業経営を担う経営体について、もう少し詳しく考えてみる。

日本はこの70年、激しい人口動態に襲われた。

第二次大戦後に直面した問題は、復員・満州などからの引揚者に敗戦で荒廃した国土におい

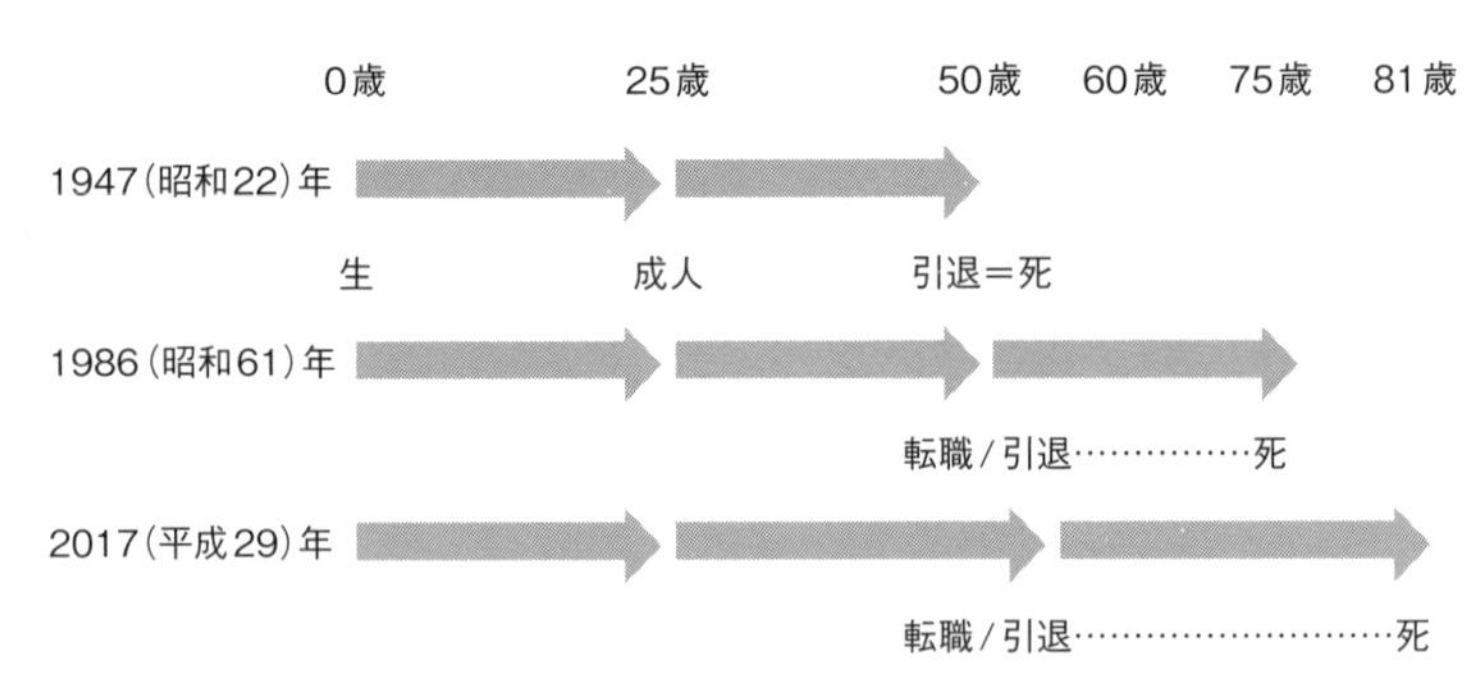

図－5　平均寿命とライフサイクルの変化

て衣食住を用意すること、次いで、誕生した団塊世代への対応であった。その後は、急速に進んだ長寿化問題である。1947（昭和22）年の男子の平均寿命は先進国中最低の50歳で、社会生活、社会体制も寿命50歳を前提としていた。これが図－5にみるように、1986（昭和61）年には75歳になり、その後も延伸を続けている。

寿命延伸にともない、サラリーマンは、定年後を、老後やシニアライフとは呼べないくらい長い期間過ごさねばならず、これをいかに送るかが人生の大きな課題となっている。自営業や農業においては、昭和20年代までのように家業を50歳で次世代に譲ることはなくなった。世代交代（人の循環）がそれ以前の時代とは様変わりし、小規模経営の一般農家や自営業では、次三男だけでなく、長子まで農村や家業を離れざるを得なくなった。農村を離れた子弟、家業を離れた子弟を受け入れたのは高度経済成長下の都市である。人口の移動が、農村から都市へ、地方から中央へと進んだ。これは何も農村に限ったことではない。地方都市の市街地でも同様な事態が進行した。

人が何を生業とするか、どこに住むかは個人の意志であるが、当時は農業を営み、農村に住む選択はきわめて限られていたのである。その後も農村から都市への人口の移動は続き、農村は過疎になり、生業や地域を維持することが困難な地域が増えている。農業の担い手を育てる仕組みは長い間用意されていなかったのである。


とくに土地利用型農業において規模拡大が停滞し、農業従事者の減少・高齢化が進行するなかで、効率的かつ安定的な経営が生産の大宗を担う農業構造を実現できなかった。これは林業も同様で、また、担い手の確保が遅れているのは農林業だけでなく各分野に共通しており、人材確保の面でこれらと競合していることを忘れてはならない。

農村集落は、非農家、土地持ち非農家、自給的農家、兼業農家、大規模専業農家、農業法人などの多様な主体から構成されており、そこでは共同で集落の環境保全、水利施設などの共有財産の維持管理、祭礼を実行する仕組みが長年にわたって培われてきている。そういうなかで、近年は農地利用を集約して大規模経営農家を育てる、あるいは集落で土地利用を集約し営農を一体的に行なう集落営農組織を運営するなど、効率的で安定的な経営体を育成するための動きがみられる。この場合の土地利用調整においては、自給的農家や兼業農家の小区画農地を集落周辺に配置するなどの配慮も行なわれている。なお、在村して地方公共団体などに職を得て退職した者、また都市へ出て定年後帰郷した者が集落営農などの中心的担い手や集落機能の担い手となっている例も多々みられる。

滋賀県蒲生町横山地区は、ほ場整備が完了した1991（平成3）年以降に生産組合への参加者が増え、2001（平成13）年には全村が一つの生産組合を形成するに至っている。現在、参加農家戸数38戸、専従者2名、農地面積47haで、経営体としての色彩をより濃くしながら運営されていると聞いている。

ずっと食料を海外に依存し続けることはできない

日本は、人口に比べてその農地面積はきわめて小さく、単位農地面積当たりで養うべき人口は世界平均の4人／haに比べ28人／haと大きい。日本が史上有した最大の農地面積は1961（昭和36）年の608万ha余であるが、これが都市や道路などに220万ha余転用され、また40万ha余が耕作放棄され（両者の合計260万ha余）、この減少を農地造成100万ha余で補ったものの、現在では450万ha余まで縮小している。農地の減少などによる食料の供給不足は輸入に依存し、これを農地面積に換算すると1200万ha余にもなる。

山下一仁は、その著書[*49]で、「経済学的に見て農地は代替できない資源」で、「農業の生産要素のうち、除草剤や農業機械は労働で、化学肥料は堆肥で代替できる。農薬、化学肥料、農業機械が

表－4　主要各国の食料自給率（%）

国名	カロリーベース 2013（平成25）年	生産額ベース 2009（平成21）年	備考
カナダ	264	121	
オーストラリア	223	128	
アメリカ	130	92	
フランス	127	83	
ドイツ	95	70	
イギリス	63	58	
イタリア	60	80	
スイス	50	70	
日本	38	66	日本のデータは 2017（平成29）年

農林水産省「平成29年度食糧需給表」および「現行の食料自給率目標等の検証①」（2014（平成26）年3月）から作成

なくても、農業は営める。しかし、太陽光、水、土は、農業にとって不可欠かつ代替不能な生産要素で、これらがなければ作物は育たず、農業はできない」、「国際経済学の伝統的な理論は、生産要素が企業間・産業間を自由に移動する（可塑性）という前提条件に立っている。しかし、農業にはこの国際貿易理論の前提条件が該当しない。いったん他の用途に転換すると再び農地に転換することは困難である。つまり、農地が減少していれば、食料供給が脅かされたときに農業生産を十分に拡大できなくなるため、国際経済学で通常考えられる以上に輸入国の経済厚生水準は低下する。これが平時においても、農地資源を確保しなければならない国際経済学上の理由である」と農地確保の必要性を理論づけている。

世界の人口は90億人にまで増加すると想定されており、その食生活の水準も相当向上するだろう。このことを考えれば、今後、世界の食料事情は緊迫してくることが避けられない。また、現在の日本には海外から食料を輸入するだけの経済力があるが、これがいつまでも続く保証はない。自国民の食料の確保というもっとも大切な安全保障に努力しない国は、世界からも相手にされないだろう。また、自国のバイオキャパシティを活用しないで、他国のそれに依存することは、地球環境に負荷を与えることにもなり、世界から糾弾されることになる。

なお、表−4にみるように世界の主要国は、国民に安定的に食料を供給することは国の安全保障の第一であると考えている。

第2節　日本の農業は物質と生命の循環を阻害している

日本農業は健全に営まれていない

第1章第2節において、地球の環境は物質と生命がともに循環することにより持続的に維持され、この機能が阻害されることにより地球環境問題を生じていること、そしてその阻害する要因を四つの視点で整理した。

農業は物質と生命の循環機能を活用して食料を生産する生業であるが、この機能を阻害している例を四つの要因ごとに挙げてみよう。

①農業は地球の循環の能力を超える量の物質を循環の仕組みに放出している

第5章第3節で述べたように化学合成肥料の多投入や輸入飼料依存の畜産経営から地球温暖化物質である一酸化二窒素（N_2O）が放出されている。また、一年中野菜を供給する施設園芸や栽培管理・収穫・調整加工貯蔵に大量のエネルギーを使用し、温室効果ガスが排出されている。

輸入飼料依存畜産や施設園芸などにおけるエネルギー削減は農業者だけで対応できるものではなく、消費者の理解と支援が不可欠である。

地球環境問題の深刻さ、並びに古くから伝えられてきた身土不二、地産地消、旬産旬消について消費者があらためて学び、食料購入について賢い行動をとり、国産の「地球環境を育む農産物」が広がることが期待される。

②地球に存在しなかった物質を創り出し、循環の仕組みに放出した

化学合成農薬が開発され、使用されている。

表－5にみるように日本では少ない農地で高い生産をあげるために化学合成肥料・農薬の投入

表－5　単位面積当たりの化学肥料、農薬使用量の国際比較（kg/ha）

国名	窒素・リン酸・カリウム計	農薬
	2008年	2006年
日本	259	11.6
韓国	426	12.7
オランダ	261	5.5
英国	207	1.3
ドイツ	158	1.9
ノルウェー	218	0.7
フランス	138	2.4

農林水産省生産局農業環境対策課「有機農業の推進について」（2017（平成29）年2月）から作成

量は格別に多い。

③生命を意識的、また無意識に殺傷し、その再生を絶った

すでに述べたように、特定の害虫を防除するために散布される農薬は、害虫だけでなく、益虫、害虫でも益虫でもない〝ただの虫〟まで殺傷している。

④開水面と開土面を閉塞させるなど循環の場を破壊した

農道や用水路では、その表面がコンクリートやアスファルトなどで覆われ、生物の生息ができなくなった。また、農地の区画を大きくし、用水路と排水路が分離され、さらに乾田化によって生きものの生息環境が分断され、生きものは農地や里山に移動できなくなった。

なぜ健全でなくなったか

前節で述べたように、戦後、農業にも生産性の向上が強く求められたため、農業の機械化が進められ、化学合成肥料や農薬の使用が増大するなど、農業も効率を最優先する工業化の道をたどった。これは、振り返ってみれば、農業の質的な面においても、物質と生命の循環をないがしろにし、環境への圧力を高める道をたどったともいえる。

これまで、このような事態が看過されてきたのは、これまで地球環境問題が広く認識されることがなく経済効率性を追い求めてきたからである。

しかし、化石エネルギーに依存した世界経済によって地球環境の悪化が深刻化するなど、日本

の農業を取り巻く環境も大きく様変わりするようになった。

ここで、見失った〈水土の知〉を再構築していく良い機会が訪れたと、前向きに捉えていく必要がある。

農業は温室効果ガス排出を削減できるか

2018(平成30)年度食料・農業・農村白書によれば、2016年度における農林水産分野の温室効果ガス排出量は、5060万t(CO_2換算)と日本全体の総排出量の3・9%を占めている。その内訳は、CO_2が1760万t、CH_4(メタン)が2360万t、N_2O(一酸化二窒素)が950万tとCO_2以外の割合が多くなっている。

農業から発生する温室効果ガスは、

①施設園芸、農業機械などからのCO_2

②家畜消化管内発酵からのCH_4

③稲作からのCH_4

④家畜排せつ物からのCH_4とN_2O

⑤農地土壌からのN_2O

が主なもので、この排出起源別に、温室効果ガスの削減可能性をみてみよう。

①施設園芸についてはヒートポンプの導入など、また農業機械については排出削減効果の高い

機械の導入などにより一定の成果をあげているようである。これをさらに進めるには、施設園芸により年間を通じて緑色野菜が供給されている食生活を、適地適産、地産地消、旬産旬消、身土不二に徹底する、あるいは施設園芸の熱源を化石エネルギーから再生可能エネルギーに切り替えるなどが必要になる。また農業機械の燃費効率はほ場区画の大きさ、農地利用の集積、それが連担していることに支配されることから、農地の再編整備が重要となる。

なお、農作業においてCO$_2$をもっとも多く排出しているのは収穫乾燥作業である。その効率化を進める必要がある。

②第1章第3節で、IPCCが「肉、牛乳、チーズ、バターの購入を控える」取り組みを呼びかけていることを述べた。家畜消化管内発酵からのメタンを削減するには家畜に依存しない食生活に切り替えざるを得ない。はたして現代人は、これに耐えられるだろうか。

③水田からのメタン発生を抑制するために、水田の暗渠排水が推進されてきている。また、営農において中干期間を長くすることが検討されている。

④家畜排せつ物は、水域の窒素汚染もあり、早くから不適切処理の問題が指摘され、第5章第3節で述べたように、1999(平成11)年に『家畜排せつ物の管理の適正化及び利用の促進に関する法律』(家畜排せつ物法)が制定されており、家畜排せつ物から発生するメタンの熱利用と消化液の施肥、堆肥化とその利用などの促進が期待される。

⑤化学肥料の施肥量の削減が求められて久しいが、表-6にみるように近年は足踏み状態にあ

る。収穫残渣を農地に直接すき込むのではなく、家畜の餌として利用し、そのふん尿を堆肥として利用することが長く提唱されているが、経営感覚が鋭い大規模経営で耕畜連携が進むことで、その実現が期待できるのではないか。

大規模な経営体により先端技術を用いた効率的な生産が行なわれるようになると、農薬や化学肥料の削減など、環境への影響を減らすことも可能となるのではないか。健全な農業が営むことができるようなスマート農業など、技術の開発と普及が進むことを期待したい。

政府は、２０１９（令和元）年6月に、「２０５０年までに80％の温室効果ガスの削減に取り組む」、「今世紀後半のできるだけ早期に温室効果ガスの排出をゼロにする」とした地球温暖化対策の長期戦略を閣議決定した。しかし、日本農業には次のような特有の課題がある。

①国民のために安定して食料を確保しなければならない

自給率の向上のために生産量を増やすことが必要である。

表－6　肥料の国内需要量、米の施肥量の経年変化

数値は成分換算（窒素・リン酸・加里成分の合計）

	1990 (平成 2) 年	1995 (7) 年	2000 (12) 年	2005 (17) 年	2010 (22) 年	2014 (26) 年
化学肥料の国内需要量（成分：千 t）	1,838	1,625	1,452	1,296	1,103	1,037
米の 10a 当たり施肥量（成分：kg）	28.93	26.88	22.59	20.19	17.82	18.25

農林水産省「肥料をめぐる事情」（2017（平成 29）年 10 月）から作成

しかし、技術開発が遅れているためもあろうが、環境保全型農業は収量が落ちる可能性が高い。

②技術の研究、開発、普及には時間を要する

農業は1年に1作しか収穫できず、また品種改良等の技術の研究、開発、普及には時間を要する。パリ協定にもとづく温室効果ガス削減目標年の2030年、2050年までに残された時間はきわめてわずかである。

なお、農業面での温室効果ガスの発生削減策に限定することなく、炭素を農地に貯蔵する、温暖化や増加したCO_2を作物の成長に活用するなど前向きな研究、開発もあるのではないか。

林業も農業と同じく健全でも活発でもない

日本は森林と水に恵まれていると錯覚しがちである。しかし国民1人当たりの森林面積は世界の5分の2、国民1人当たりの降水量は世界の4分の1[*50]にすぎない。いずれも国土と環境についての認識が低いことに原因している。

森林・林業について前述した農地・農業と同じように整理してみよう。

・日本林業は国土を十分に利用していない
・日本林業は活発でない
・日本林業は健全に営まれていない

森林生産物を計る指標として「木材（用材）」が用いられているが、この自給率が次のように高度経済成長期以降急激に低下した。近年回復傾向にあり、資源が有効に利用されていることはうれしいことである。

1960（昭和35）年　86・7％
2000（平成12）年　18・8％
2015（平成27）年　30・8％

なお、森林面積は農地面積と異なり、この40年間増減していない。

また、伐採し、利用することを目的に植えられた人工林1027万ha（2012（平成24）年3月現在）のうち9齢（1齢は5年、9齢は45年。これまで伐期適齢は8齢といわれてきた）以上が677万haと66％を占めており、森林の重要な機能であるCO²吸収量は、新植後41～50年には減少する（成長量が低下する）ことを考慮すれば、再造林と木質バイオマスのカスケード利用を前提とした森林施業が行なわれれば、林業の活発化に大きく貢献するだろう。

第3節　健全で活発な農林業生産が不可欠である

持たざる国のバイオキャパシティが活用されず、地球環境に負荷を与えている

以上みたように、日本は農地、森林ともに人口一人当たりの賦存量に恵まれない「持たざる国」である。しかも、その乏しい土地資源の上で営まれる農業、林業はともに活発でなく、健全でもない。狭い国土の79％を占める農地、森林、原野において、バイオキャパシティが十全に活用されず、その代替に海外のバイオキャパシティを消耗している。これは日本の国土経営を不安定にするだけでなく、地球の環境を損傷する。

バイオキャパシティを活用するには、小規模分散する土地の利用調整が不可欠であるが、所有者不明の土地がこれを妨げている。

２０１７（平成29）年12月の国土交通省「国土審議会土地政策分科会特別部会中間とりまとめ」によると、地籍調査（２０１６年度）において、不動産登記簿上で所有者の所在が確認できない土地の割合は、おおむね20％程度（所有者不明土地の外縁）、同じく探索の結果、最終的に所有者の所在が不明な土地は０・41％（最狭義の所有者不明土地）となっている。これらの土地の適切な管理と利用を促すために、「所有者不明土地の利用の円滑化などに関する特別措置法」（２０１８年法律第49号）が制定され、地方公共団体が役割を担う仕組みが講じられつつある。その成果と制度のさらなる充実に期待したい。

安全保障、国土経営、地球環境のために、健全で活発な農林業生産が不可欠である

食料・農業・農村基本法は、「国土の保全、水源のかん養、自然環境の保全、良好な景観の形成、文化の伝承等農村で農業生産活動が行なわれることにより生ずる食料その他の農産物の供給の機能以外の多面にわたる機能（＝多面的機能）」（法第3条）は、「農業の自然循環機能（農業生産活動が自然界における生物を介在する物質の循環に依存し、かつ、これを促進する機能をいう。）が維持増進されることによりその持続的な発展が図られなければならない」（法第4条）としている。

これに沿い本稿の趣旨を簡略に記すと、

①「自然界における生物を介在する物質の循環」は、「物質と生命の循環」のことである

②農業生産活動は、「物質と生命の循環」に依存し、かつこれを促進する。地球の環境は「物質と生命を循環」させることにより持続される。「物質と生命を循環」させる生業は農林水産業だけである

③「多面的機能」は、国土経営を安定化し、強靭化する

④今後、世界の人口が増加し、人々の生活が豊かさを増すことにより世界の食料事情は緊迫してくることから、農業生産活動は維持増進されなければならない

⑤「農業の自然循環機能」が維持増進することは、国土のもつバイオキャパシティが十全に発揮されることである
となる。

しかし、残念ながら前項で述べたように、日本の現下の農業生産は、本来「物質と生命の循環」に依存する農業生産活動が「物質と生命の循環」を損傷させ（健全でなく）、また食料などの供給と多面的機能を十分発揮させておらず（活発でなく）、農業生産活動を持続的なものとしていない。

なお、森林資源である木質バイオマスを活用し、物質と生命を健全に循環させることに関しては、第7章第2節で具体的な提案を試みたい。

第4節　いくつかの試みがあるが、進んでいない

いくつかの試みがなされている

地球環境にやさしい農業の推進に関して、すでに行政ではさまざまな施策が用意されている。農林水産省のWebサイトからその主なものを拾ってみると、
①エネルギーをできるだけ自給する農業・農村
・農山漁村再生可能エネルギー法……農林漁業の健全な発展と調和のとれた再生可能エネル

ギー発電を促進し、農山漁村の活性化を図る

・再生可能エネルギー導入などの推進……太陽光発電を始めとした再生可能エネルギー事業によるメリットを農林漁業に活用する取り組みや施設整備などを支援

・小水力など再生可能エネルギー導入支援……小水力など発電施設の導入促進のため、調査・設計などに支援

②窒素循環に配慮した農業

・耕畜連携の取り組み（飼料用米のワラ利用、水田放牧、資源循環）を支援……ワラ専用稲の生産および飼料用米生産ほ場の稲ワラ利用、粗飼料生産水田での放牧、粗飼料生産水田への堆肥の散布に支援

③環境保全型農業の推進（農業の環境への負荷の低減を図るため環境保全型農業を推進）

・「持続性の高い農業生産方式の導入の促進に関する法律」……堆肥などによる地力の維持・増進と化学肥料・化学合成農薬の使用低減に一体的に取り組む農業者（エコファーマー）を支援

・環境保全型農業直接支払……化学肥料・化学合成農薬を原則5割以上低減する取り組みとセットで、地球温暖化防止や生物多様性保全に効果の高い営農活動を支援

④産業として成り立つ農業

・担い手確保・経営強化支援……売上高の拡大や経営コストの縮減など意欲的に取り組む地域

の担い手が、融資を活用して農業用機械、施設を導入する際、融資残について補助金を交付して経営発展を支援

このように、行政でも担当部局ごとに多くの試みがなされている。

しかし進んでいない——環境保全型農業を例に

しかし、なかなか実効があがっていない。

環境保全型農業を例に、施策の進捗状況を具体的にみてみよう。

①農業環境規範

農林水産省では、環境との調和のために取り組むべき基本的なことがらを整理し、自己点検に用いるものとして、2005（平成17）年3月に「環境と調和のとれた農業生産活動規範（農業環境規範）」を策定しているが、これを採択の要件（クロス・コンプライアンス）とする補助事業はきわめて限られている。

②エコファーマー

「持続性の高い農業生産方式の導入に関する法律」（1999（平成11）年）にもとづき、土づくり、化学肥料および化学合成農薬の使用低減技術の導入に一体的に取り組む農業者の育成を進めてきたが、なかなか進展せず、2011（平成23）年の21万6341件を最高に、近年は高齢化などから減少し、2018（平成30）年3月末現在のエコファーマーの認定件数は、11万18

64件となっている。

③環境保全型農業直接支払

２０１１年度から自然環境の保全に資する農業生産活動を推進する取り組みに対して環境保全型農業直接支払が行なわれている。対象面積は毎年微増しているが、まだ9万haにすぎない。

④有機農法

化学肥料・農薬、遺伝子組み換え技術を使用しないことを基本とする有機農法は、その推進のために各種施策が用意されているにもかかわらず、２・４万ha程度（全農地の０・５％）にとどまっている。ＥＵ諸国に比べ、量においても農地面積に対する割合においてもきわめて少ない。

有機農産物は、野菜などの見栄えの悪さと高価な価格から消費者に敬遠され、費用対効果から農業者にも敬遠されているからであろうか。双方の価値観の変更が必要であろう。

取り組みが停滞している原因の一つは、施策の総合化と施策間の連携（たとえばクロス・コンプライアンスの強化）が弱いことではないだろうか。

日本の農業は発展できる余地がある

農業は生業として持続しなければならない。また、可能である。なぜなら、

①積年の課題である経営規模拡大の好機にある。今までの農業従事者が高齢化し、自ら営農を続けることが困難になってきている。加えて、農地の資産価値が低下し、親の農地を相続しても、かえって維持管理が重荷となるような状況になった。農地の流動化に対する意識が劇的に変わった。

②意図したわけではないだろうが、活用されない農地、森林が多く、資源が眠っている。

③農地や森林の土地生産性や労働生産性はまだまだ低く、技術革新の余地がある。

④地球環境、国土経営、安全保障の面から、国としても農業に対する支援を強化せざるを得ない状況にある。国として、世界の食料が緊迫するなか一定の自給力の確保は最大の課題である。また、健全で活発な農業生産活動は国土経営の安定、地球環境の保全のために必須の事項である。そして、このことについては国民も世界も理解する時代になるだろう。

過疎化がさらに進む

国の人口が減少していくなかで農村の人口も減少することは容易に理解できる。しかし農林水産政策研究所のコーホート分析[*51]による表Ⅰ－7、表Ⅰ－8の農業地域類型別人口の推計値並びに存続危惧集落数の推計値は衝撃的である。

表－7　農業地域類型別人口の推計値（指数）

	2010年	2030年	2050年
国全体	100	90.7	76.5
平地農村地域	100	82.7	61.2
中間農村地域①	100	74.7	49.6
山間農村地域②	100	62.5	34.0
中産間農村地域（①＋②）	100	71.6	45.6

農林水産政策研究所「人口減少と高齢化の進行が農村社会にもたらす影響」（2014（平成26）年6月）から作成

表－8　存続危惧集落数の推計値（全集落に対する割合 %）

	2010年	2050年
集落人口が9人以下の「小規模集落」	2.2	10.7
65歳以上人口が過半を占める「高齢化集落」	9.4	17
両者ともに該当する「存続危惧集落」	1.9	9.4

橋詰登「農山村における農業集落の変容と将来展望」（農林水産政策研究所 Primaff Review　No.63　2015.1）から作成

２０１０（平成22）年から２０５０年にかけて国全体の人口が76・５％にまで減少するなか、国土の７割、耕地面積の約４割、農地面積の４割を占める中山間地においては45・６％にまで減少し、また「小規模集落」でかつ65歳以上が過半を占める「高齢化集落」に該当する「存続危惧集落」が１・９％から９・４％弱に増加する。

農業生産の大宗を担う経営体の確保策がみえない

農村集落は、主業農家、自給的農家、その他の販売農家、非農家、土地持ち非農家のように多様な人で構成されているが、この中から担い手（家族農業経営、法人経営、集落営農経営）を育てるか、

(千人)

1995 (平成7)年	2000 (平成12)年	2005 (平成17)年	2010 (平成22)年	2015 (平成27)年	2016 (平成28)年	2017 (平成29)年
48.0	77.1	78.9	54.6	65.0	60.2	55.7
			18.0	23.0	22.1	20.8
7.6	11.6	11.7	13.2			
			44.8	51.0	46.0	41.5
			10.9	12.5	11.4	10.1
			8.0	10.4	10.7	10.5
			6.1	8.0	8.2	8.0
			1.7	3.6	3.4	3.6
			0.9	2.5	2.5	2.7

「平成 29 年新規就農者調査」から作成

または外部から新規参入者を求めなければ、農村集落は持続できない。

2017(平成29)年の新規就農者55・7千人のうち新規参入者は3・6千人、新規雇用就農者は10・5千人と少なく、大半は新規自営農業就農者41・5千人である。これを49歳以下についてみれば、新規参入者2・7千人、新規雇用就農者8千人、新規自営農業就農者10・1千人ときわめて少ない(表1-9)。

担い手へ農地を集積する施策は近年充実してきている。しかしこれは担い手対策の条件整備にすぎない。本丸は、生産労働人口が減少し、多くの分野で人手不足が深刻化するなかで、農業の担い手を確保・育成することである。

①経済的な豊かさがある水準に至ると、時間と健康をお金に換えるのではなく、頭と体が鍛えられて

表ー9　新規就農者数の推移

	1970(昭和45)年	1975(昭和50)年	1980(昭和55)年	1985(昭和60)年	1990(平成2)年
合計	116.6	104.2	102.2	93.9	15.7
うち49歳以下					
うち39歳以下			33.7	20.5	4.3
新規自営農業就農者					
うち49歳以下					
新規雇用就農者					
うち49歳以下					
新規参入者					
うち49歳以下					

農林水産省経営局「農業構造の変化」(2013（平成25）年2月）および農林水産省

技が身につく生業のような仕事と生活を求めるようになる、②自分なりの幸せの尺度や自己決定能力を備え、より積極的な生活を求めるようになる、また、③新規就農者を受け入れる市町村や地域の態勢が整ってきた、などから、今静かにＵＩＪターンなどの田園回帰が進んできているとの報告もあるが、一方で、中山間地においては、農地の出し手はいるが受け手がいない、また新規就農者の3割は生計が安定しないことから5年以内で離農しているとの報告もある。

田園回帰の動向を支援する、実質的な条件整備が重要である。

第5節　施策を総合化する

地域で各種施策を総合化する

第2章で述べたように、〈水土の知〉、プラネタリー・バウンダリー、SDGsの主題は総合化である。「総合化」は「総合的」とは根本的に異なる。本章第4節で述べたように、施策のメニューはそれぞれ固有の（単一の）目的のために組まれているので、メニュー間の連携はきわめて弱い（総合化されていない）。

総合化を進めるには次の二つがとくに重要である。

一つは、一般に縦割りで展開される施策間にクロス・コンプライアンスを設定することである。二つは、地域の課題に合わせて複数の施策を組み合わせれば所期の効果を得ることができるが、地域で複数の施策を選択できる自由度は低い。しかし、施策の効果をより良く発現させるためには、地域に密着し、地域の実情を熟知している市町村が施策を総合化させるしかない。一般に中央省庁の各種施策はその地方局、そして都道府県を通じて、また都道府県の各種施策は直接に市町村に降りてくる。市町村の担当者がこの膨大な数の施策の中から地域に合ういくつかの施策を選択し、組み合わせ、調整する（施策を総合化する）ことにより、施策の効果は倍加する。なお、本章第3節で述べた所有者不明の土地の適切な管理と利用を促すためにも、市町村の役割は大きくなっている。

なお、総合化は理想的には土地利用計画の場で、人口推計、域際収支、エネルギー収支などと調整しながら対応するのが理想的であるが、手法の開発・定着は遅れている。

市町村は対応できるか

市町村への権限移譲、市町村の行財政基盤の強化と並行して平成の大合併が進められ、専門的できめの細かい施策の実行が期待されたが、合併・統合後の1788市町村（2008（平成20）年4月現在）の予算規模、職員定数は縮小傾向にあり、農林水産関係職員数や農業関係予算についても大幅に減少している。

総じていえることは、農業農村については組織・定員・予算が縮小され、市町村合併で期待された「専門的できめの細かい施策」の実施や市町村森林整備計画などを確実に運用することが困難になっている。加えて職員の「現場歩き」が後退し、市町村合併で生まれた大規模な地方自治体にとっては、周辺部にある自治体内の「農村」の存在が見えづらくなっている。結果として、従来はきちんと認識されていたそれらの地域が抱える問題が認識されにくくなっている。

このような状況では、市町村に政策総合の具体化を求めること自体、無理なことにも思える。単なる行政組織のスリム化ではなく、合併以前よりもより効率的・効果的に施策を進めることこそ本来の合併のあり方と思われるが、これが機能していないのは残念なことである。

第6節　公的支援と社会資本整備

健全な農業は経済成長とデカップリングできない

国は、東日本大震災・原発事故を受けて、エネルギー・環境政策を白紙から見直すこととし、原発依存度の低減と原発のエネルギー需要を代替する再生可能エネルギーの導入、需要を低減する省エネルギー技術の導入を最大限進める方針を掲げている。そして、これらの再生可能エネルギー、省エネルギーを「グリーンエネルギー」と呼び、これらの導入・拡大によるエネルギーシフトを経済成長につなげていこうという考え方を「グリーン成長」と定義している。

国は、経済成長とエネルギー消費の関係について、次のように説明している。

・これまでの社会では、経済成長に比例してエネルギー消費（CO_2の排出）も増えるとされてきた

・デカップリングとは、これに対して一定の経済成長や便利さを維持しつつも、エネルギー消費を減らしていく、即ち両者を「切り離す」という考え方

・たとえば、資源の再利用・循環利用を行なう、エネルギー多消費の産業構造をあらためる、これまでにない手法で省エネすることにより、デカップリングは可能

・デカップリングの実現は、社会の仕組みを変え、経済成長のあり方をあらためることに繋がり、グリーンエネルギー革命の一断面といえる

・グリーン成長は、日本だけの課題ではなく、新興国を中心とするエネルギー需要の増加の中、世界共通の課題

「太陽光」「風力」「水力」「地熱」「バイオマス」などの再生可能エネルギーの導入は、経済成長とCO_2の排出をデカップリングするために有効な手段である。このため、日本では国が定めた「再生可能エネルギーの固定価格買取制度」により、再生可能エネルギーで発電した電気を電力会社が一定価格で一定期間買い取ることを約束し、一方で電力会社が買い取る費用の一部を電気の利用者から賦課金という形で徴収し、コストの高い再生可能エネルギーの導入を進めている。

再生可能エネルギーによる発電コストは、現在、技術革新により急激に低下してきてはいるが、まだ従来の化石燃料によるコストよりも高く、引き続き政策的な支援が必要な段階にある。

デカップリングを可能にする条件は、基本的には、より低炭素なエネルギー、より省エネな技術が、従前のものよりも（支援なしで）安価になることだといえる。

環境負荷の削減などを組み込んでいない経済ルールに、いまだ農業も対応できないでいる。今後、日本農業を、物質と生命の循環を促進する、環境にやさしく健全なものに変えていくために

は、農業者の努力に委ねるだけでは不十分である。再生可能エネルギーへの転換と同様に公的な支援が求められる。

公的支援を体系化する

バイオキャパシティを健全にかつ活発に活用させるには、「地域」や「個別経営体」の市場レベルの努力が不可欠である。しかし、この市場レベルの努力に加え、前述した地球環境問題、国土経営、国の安全保障の観点から国土のもつバイオキャパシティを健全にかつ活発に活用することを公的に支援する仕組みが体系化されなければならない。それには、大きく分けると規制的手法、課税・環境支払などの経済的手法、生きものマーク（農林水産業の営みを通じて生物多様性を守り育む取り組みと、その産物等を活用した発信や環境教育などのコミュニケーション）などの自主的手法がある。体系化にあたっては次のことを明確にし、国民の理解を得ることが不可欠である。

①職業的専門家集団により、専門的知見と職業的倫理観にもとづき支援の仕組みが検討され、これが広く国民に（また世界に）開示され、議論されることが不可欠である。食料・農業・農村基本法の「多面的機能」は、生業のすべてにおいて発揮されているわけではない。輸入飼料で飼養された家畜のふん尿が農地に安全に施用されておらず、また人工林の間伐においてCO$_2$吸収機能が十全に発揮されていないことはすでに述べた。生業と多面的機能の関係

が科学的に確認され、正しく認識されない限り、的確な公的支援は困難であり、また国民の理解を得ることはできない。今や文章で飾り立てて凌げる時代ではない。

また公平、公正であるべきである。たとえば、電気の固定価格買取制度（Feed-in Tariff：ＦＩＴ）は電気と熱利用の間、再生可能エネルギーの間にバランスを欠き、早々に見直しが必要になっている。また地球環境税は産業界中心で森林整備は対象になっていなかった。

②規制、課税、直接支払などの間の連携を図ることにより、施策の効果をより高めることができる。しかし施策の主体が異なり、なかなか実行されない。たとえば、すでに述べたように環境と調和のとれた農業生産活動規範を補助事業の採択要件とするなどの関連付け（クロス・コンプライアンス）は低調である。

③欧米では農産物の価格支持から農家の所得直接支払へと移行し、さらにＥＵでは所得直接支払から環境直接支払へと時間をかけ移行しつつある。しかし日本では「農業の有する多面的機能の発揮の促進に関する法律」が施行され、「日本型直接支払制度」が創設されているが、かつて戸別所得補償政策がとられたこともあり、環境に良い農法への転換を促す環境直接支払への取り組みはいまだ途上にある。

ＥＵと日本の農業政策手法は、次のように大きく異なっている。

①農業支持について

OECDが計測しているPSE（生産者支持推計額）でみると、EUは農業生産額の約2割に相当する金額を農業支持につぎ込んでいるが、日本のPSEは農業生産額の約5割となっている。

EUの農業支持の約8割は農家への直接支払（残りが農産物の価格支持）で行なわれるのに対し、日本のPSEの約8割は関税などによる価格支持で、残りが直接支払となっており、農業支持の方法がまったく異なっている。[*52]

②環境保護について

EUでは農法に関する環境上の基準線（リファレンスレベル）が明確に設定されているが、日本の環境保全型農業直接支払では、その基準線が曖昧になっている。

また、環境に良い農法への転換を支援する環境直接支払の額も、OECDが計測している農家に直接的に裨益する補助金のうち、環境支払予算のシェアーが日本は0・2％程度なのに対してEUは10％前後の数字を示している。[*53]

社会資本を整える

本章第1節で述べたように、どこに住むか、何を生業とするかは個人の意志による。しかし、そこで豊かな経済生活・社会生活を安定的に維持するためには、人間関係のつながりや病院・学校・電気・上下水道・道路などの社会資本の整備が不可欠である。農村は人口が疎であり、単純に考えると経済効率は悪いが、前述したように、安全保障、国土経営、地球環境のために不可欠な農業生産が行なわれる場であり、社会的共通資本の「自然環境」の維持増進に密接にかかわっているため、等しく整えられるべきである。

農村には、長い年月をかけ一つの社会的共通資本として捉えることができる〈水土の知〉が形成され（第2章第2節）、共助、共存の典型的な日本型コモンズがある。しかし、兼業化、混住化、さらには過疎化・高齢化が進展し、その存続を危うくしている。

これからの農村における社会資本の整備にあたっては、とくに集落組織の維持が危惧される中山間地においては、これまでの集落の概念を超えたより広い地域、たとえば明治の大合併前の旧村の地域を対象と考えるのが有効ではないか。またこのことは地域農業の担い手対策にも共通する。

第7節　地域でコモンズを育み、ビジョンを共有する

域際収支を均衡させる

地域が自立するためには、家計と同じく収支が安定する＝域際収支（地域間の財やサービスなどの取引における収入―支出関係）が均衡することが不可欠である。

堀越芳昭[*54]の２００３（平成15）年における都道府県別・県際収支率を横軸に、２００５～２０１０（平成17～22）年間の人口増減率を縦軸に図示すると（図−6）、両者はよく相関し、県際収支比率の低い県は人口を維持することが困難で人口減少率が高いことが理解できる。これはま

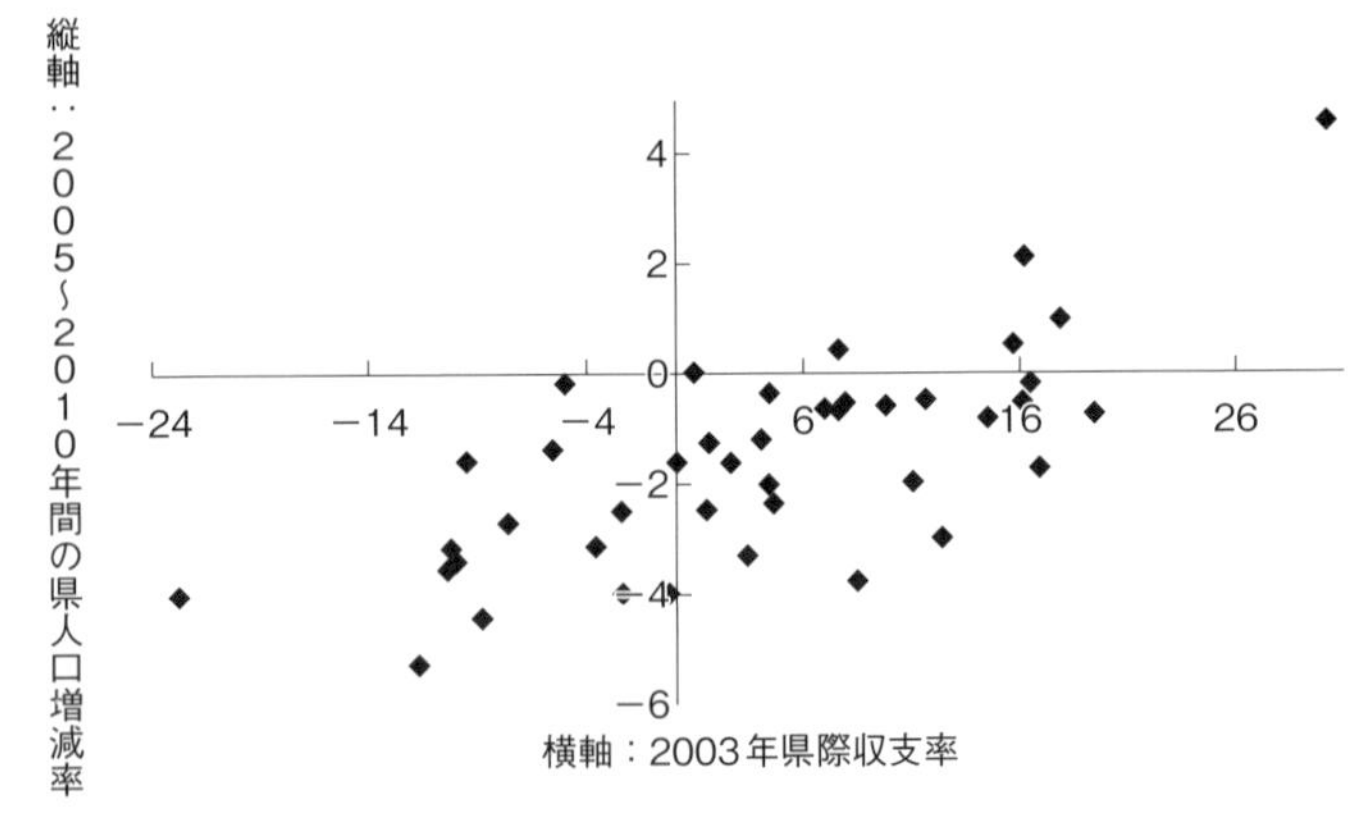

図－6　2003年の県際収支率と2005～2010年間の県人口増減率の関係

県外通勤者の割合が著しく高く、県外の購買活動が高い等の千葉、埼玉、神奈川、奈良、並びに人口増加率が高い沖縄を除いている。県際収支率の低い県は、総体として1次産業の割合が高い（堀越）

た、域際収支を改善することは人口増加につながることを示唆している。

農村は表Ⅰ-10にみるように「入る」を減らし、「出る」を増やし、窮乏してきた。

これを改善するには、健全で活発な生産活動と「コト」づくり（たとえば、エコツアー、環境教育、農村観光）で「入る」を増やし、大規模経営により農業資機材購入費を縮減し、エネルギー・食料を地産地消して「出る」を減少するしかない。これには相当の努力が要る。

域際収支は地域内で経済を循環させることでも改善できる。地域で買い支える、地域で開発・製造する、地域通貨を発行する、小さな経済活動を興すなどが各地で試みられている。

表－10　農村の「入る」と「出る」

「入る」⇒減る	農業：縮小または相対的に低下
	半農半ＸのＸ:廃されゼロに（たとえば薪炭生産、木材生産）
「出る」⇒増える	農業資機材：増加
	食料：増加（副食を購入するようになった）
	燃料：新規に購入（たとえばプロパンガス、軽油等）
	教育・教養・娯楽・医療・介護：増加

「循環」を披露する

近年旅や観光に関心が高まっている。観光には四つの条件「気候」「自然」「文化」「食事」が、多様性をもって揃っていることが重要であるようだ。農業農村は、この４条件をすべて満たすことができる。

物質と生命の循環の下で営まれる農業とその営みの場である農村を広く国民に、また海外に開かないことは、まことにもったいないことである。

すでに述べたように、日本の農業農村の基礎である水と土には、長い年月をかけ循環の仕組みを増進する人工物が組み込まれ、これを維持・運営するため、社会集団や制度、儀礼、年中行事、慣行などが形成されている。また、農業農村には日本の原風景があり、里山、ため池、水路、畦、水田などの多様な土地利用と物質と生命を循環させる農法は、表－11にみるように欧州では想像もできない豊かな生物多様性を生み出している。

まだまだ低調であるが、エコツアー、環境教育、農家民宿なども広がり、イギリス発祥の、森林や田園地帯などの風景を楽しみながら歩

表ー11　日本と欧州の生物多様性の比較

国名	哺乳類		鳥類		爬虫類	
	種数	固有種割合	種数	固有種割合	種数	固有種割合
日本	50	22%	250	8%	87	38%
イギリス	50	0	230	0	8	0
フランス	93	0	269	0	32	3
ドイツ	76	0	239	0	12	0
イタリア	90	0	234	0	40	3
スペイン	82	0	278	0	53	21

国名	両生類		高等植物	
	種数	固有種割合	種数	固有種割合
日本	61	74%	5,565	36%
イギリス	7	0	1,623	1
フランス	32	9	4,630	3
ドイツ	20	0	2,632	0
イタリア	41	29	5,599	13
スペイン	28	14	5,050	19

第6回生物多様性国家戦略懇談会（2001（平成13年8月24日）資料1-3から作成

くフットパスも始まっている。

動物園のパンダは見たが、放牧されている牛を見たことがない人は案外多いのではないか。また気候変動問題や生物多様性問題に腐心する農業や農村を知ることは、地球環境問題を理解する機会にもなる。

いわゆる名所旧跡でなく、昔ながらの農村を訪ねている海外からの旅行者もみられる。

しかし、農業農村が自信をもって「循環」の賜物を発信するには、バイオキャパシティが健全にかつ活発に活用されていることが第一である。またとくに関心の高い食事には有機農業栽培やアニマルウェルフェア（家畜を快適な環境下で飼養することにより、家畜のストレスや疾病を減らすこと〉の食材が期待される。このことも忘れてはならない。

コモンズを育み、ビジョンを共有する

大気や水域や海域における地球環境問題は、地球というグローバル・コモンズにおける「コモンズの悲劇」であるといえる。しかし、住民の目が届き、日常行動する農村地域においては、地域内外の紛争を乗り越えて共有の資源の価値を見出し、将来にわたって自然の恵みを享受していこうとする地域住民の強い意志により「コモンズの悲劇」は生じなかった。これこそが、共助・共存を基本とし、物質と生命を健全に循環させ、過去を踏まえ将来を見据える長時間にわたる視野をもつ、世界各地で培われてきた〈水土の知〉である。

はたして今日においても国内においてこれを実現し、グローバルな「コモンズの悲劇」の改善に資することができるのであろうか。この新たな〈水土の知〉の定礎こそ農村地域に求められるビジョンである。

大事なことは、ビジョンの策定に自らかかわることである。「自ら人生ドラマを演じる劇場*[55]」を創り、題目を決め、脚本を書く。そのために地域固有の課題を直視し、具体的に実行する術を練る。ビジョンは、単なる補助金獲得などのために作られる形骸化した計画であってはならない。

次は、新潟県十日町市池谷・入山集落で活躍しているＮＰＯ法人「十日町市地域おこし実行委員会」設立趣旨の一部である。

「人類が持続可能に存続し、安心した日々を過ごすためには、顔の見えるローカルな範囲で食料やエネルギー等生活に必要なものが自給できるような地域が世の中に数多く存在する事が重要です。そのためには石油など化石燃料に代わる代替エネルギー資源が豊富な地方において、まずはその地域内で生活に必要なエネルギーや食糧の自給を実現し、都会からの移住希望者が少ない所得でも地方に住む事が出来るような仕組みを構築する事が必要であると考えています。同時に、地方と都市は両方バランスよく存在する事が必要だと思いますので、都市部にも地方で生産された生活に必要なエネルギーや食糧を供給できる仕組みを作っていく事も当然必要だと考えております。」

これは、人生ドラマを演じる劇場と演目を紹介しており、入山集落や十日町市には、この趣旨を理解して就業・定住した者が多いのではないか。

参考文献

＊47　有薗正一郎「最近1世紀間の日本における耕地利用率の地域性に関する研究」J-STAGE　27巻3号

（１９７５）
＊48　山下一仁著『日本農業を破壊したのは誰か』講談社（２０１３）
＊49　山下一仁著『農業ビッグバンの経済学―真の食料安全保障のために―』日本経済新聞出版社（２０１０）
＊50　中道　宏「第3回世界水フォーラムへの日本／アジアからの発信」（世界食料デー・シンポジウム基調講演）国際農林業協働協会「世界の農林水産」（２００３）
＊51　農林水産政策研究所「人口減少と高齢化の進行が農村社会にもたらす影響」（２０１４）
＊52　荘林幹太郎・木村伸吾「直接支払いの概念と政策設計」農林統計協会（２０１４）
＊53　荘林幹太郎・佐々木宏樹「日本の農業環境政策」農林統計協会（２０１８）
＊54　堀越芳昭「わが国地域際収支の研究―都道府県別・地域ブロック別検討」山梨学院大学研究年報社会科学研究28号（２００８）
＊55　小川全夫「農村は人生ドラマ上演の劇場たりえるか」農業土木５９３号（１９９９）

第7章

農業から地球環境問題に展望を拓く いくつかの試み

健全で活発な農業生産活動について理解を深めてもらうために三つの提案を行なう。いずれも長期的視点で見据え、施策の総合化（統合化）を必要とし、パラダイムを転換する方策である。

一つは、日本の畜産のあり方についてである。畜産の目的は、

①人間が食べられない植物を家畜が食べ、その家畜を人間がいただく

②肥料となるふん尿を供給する

③緊急の際には家畜を人間が食べ、家畜の餌である穀物も人間が食べる

であるが、輸入飼料に依存する現在の畜産はこのいずれにも該当しない。むしろ、原料を輸入し、家畜という機械で畜産物を製造し、ふん尿という廃棄物を国内に滞留させるという製造業に近い。本来の畜産に回帰する道があるのだろうか。

二つは、木質バイオマスの健全な利用についてである。日本では限られた森林資源が有効に利用されていない。バイオマス資源の恵みを利用しつくすために、バイオマスのカスケード利用が

求められる。また、この際、市町村の積極的な関与が大切である。

三つは、気候変動に備え水利システムを恒常的に見直すことである。農業の基盤は水と土である。気候変動により降雨や栽培作物が変化し、農業用水の供給量と需要量にミスマッチが発生してくることから、適切な対応策を講じる必要がある。また、これまでに造成された施設は、老朽化により適時更新していくことが必要である。さらに、人口・担い手が減少し、混住化が進んだ農村では、地域住民を加えた新しいコモンズを創生し、水利施設の維持管理を行なっていく必要がある。

第1節　本来の畜産に可能な限り回帰する

循環型社会の形成は健全な農業生産活動から

第5章第3節で、日本の窒素循環を不健全なものにしている要因が耕種農業における化学肥料の施肥と、輸入飼料穀物に頼る畜産であることを明らかにした。これを健全な形に戻すためには、できるだけ食料自給率を高めることが基本である。また、国内の有機廃棄物を堆肥として有効活用し、化学肥料をできるだけ使わない農業を確立することも重要である。

現在、食料自給率が低下するなかで、耕作放棄地が目立ってきている。耕作放棄地を飼料稲などの飼料作物栽培に充てれば、輸入飼料が減少でき、国外から日本に持ち込まれる窒素も減量できる。また、その肥料として有機廃棄物を利用できれば、過剰窒素の環境への影響を緩和できる。化学肥料の低減は、環境保全型農業の広まりという形で徐々に拡大してきている。しかし、堆肥の利用増には堆肥の場所的・時間的偏在や散布の労力確保、価格の低減や品質の向上、堆肥利用を前提とした営農技術の確立といった多くの課題がある。

これらの課題を克服していくためには、やはり行政の支援が不可欠であるし、加えて国内農畜産物や有機栽培を積極的に受け入れるという消費者の意識改革が欠かせないだろう。

本来の畜産

食料自給率40％弱である日本の窒素収支をみると、第5章第3節で記述したように、国内で食飼料になる窒素484N千tに対し、供給源が化学肥料487N千t、畜産業・食生活・その他から1627N千tであり、その差1631N千tが国内に滞留している。化学肥料多用で土壌劣化が心配されている一方での畜産公害である。実に、食料生産に必要な窒素の3・3倍の窒素を国内に滞留させており、これを水域に流出、大気に放出、土中に蓄積させている。この最大の原因は、家畜飼料の輸入である。

本章の冒頭に紹介した本来の畜産に回帰する道は、前述の三つの役割順に、①国土に生育する草資源を利用する、②食料としては生産過剰になっている稲を飼料として活用する、また水田を飼料作に利用する、③安全保障、国土経営、地球環境保全の視角から、国産粗飼料の利用とふん尿の適正な農地還元を促進することが望ましい。

国土の草資源で何頭飼えるか

これについては、知見がなく試算できない。一方専門家はたとえば肉質や乳量水準をどうするかといった考慮すべき条件が多すぎることから答えにくいであろう。

ここでは、敗戦前後の頭羽数を参考に考えてみたい。「畜産行政史―戦後半世紀の歩み―」[*56]によると、輸入飼料がなかった時代に表―12のような頭羽数が飼育されていた。

戦中・戦後の畜産は農耕用の馬、牛が中心で、飼料は野草、稲ワラが中心であり、山の少ない佐賀平野において1ha経営農家に1頭飼われていたと聞く。大家畜300万頭を飼養できる野草、稲ワラ資源が国土にあった証である。

現在、稲ワラの大半は焼却処分されるか水田にすき込まれており、飼料として利用されているのは約1割にと

表―12 わが国の家畜飼養頭羽数(万頭、万羽)

畜種	1944(昭和19)年(戦前・戦中のピーク)	1946(昭和21)年	1950(昭和25)年	2018(平成30)年
乳用牛	25	16	20	133
役牛・肉牛	216	183	225	251
馬	122	105		
豚	42	9	61	919
鶏	2,200	1,500	1,655	32,073

「畜産行政史―戦後半世紀の歩み―」および農林水産省「畜産の動向」(2019(令和元)年10月)から作成

表−13　飼料需給・自給率の推移（可消化養分総量（TDN）ベース）

（単位：千TDNt、%）

区分			1990（平成2）年度	2017（平成29）年度（概算）
需要量		A	28,517	24,604
供給区分	粗飼料	B	6,242	5,122
	うち国内供給	C	5,310	3,986
	濃厚飼料	D	22,275	19,482
	うち国内供給	E	2,187	2,518
諸率	（純国内産）飼料自給率	（C+E）/A	26%	26%
	（純国内産）粗飼料自給率	C/B	85%	78%
	（純国内産）濃厚飼料自給	E/D	10%	13%

農林水産省「飼料をめぐる情勢」（2019（平成31）年1月）から作成

表−14　稲ワラの需給（単位：千t）

区分	2016（平成28）年産
稲ワラ生産量①	8,718
飼料仕向量②	751
飼料利用率③＝②/①	8.6%
輸入量④	186
飼料需要量⑤＝②＋④	937
自給率②/⑤	80.1%

農林水産省「飼料をめぐる情勢」（2019（平成31）年1月）から作成

どまっている。稲以外の収穫残渣は農地に放棄されている。また、純国内産粗飼料自給率は78％となっているが（表−13）、その率は一向に高まる気配がなく、稲ワラ自体の自給率も80％であり改善の余地がある（表−14）。海外から輸入された稲ワラには、口蹄疫などの家畜伝染病や残留農薬などの危険性もある。輸入稲ワラに依存しない体制の確立が求められる。

貴重な資源である稲ワラ・収穫残渣は、なぜ一度家畜の腹を通してふん尿として農地に還元されないのだろうか。

野草、稲ワラ資源について問題とされるのは肉質と経済効率であろう。高級な肉の生産には濃厚飼料が欠かせない。加えて、輸入粗飼料を利用するほうが、利便性や労力の負担といった面で有利となる。

しかし、国民の関心はしだいに健康に良い食肉、家畜の健康と福祉に移りつつある。健康に育てられた家畜の食肉はブランド品となって、その価値を高めている。日本も、食料安全保障、国土経営、地球環境保全の視角から畜産政策を再構築すべき時期に来ているのではないか。

水田転作で飼料を作り、水田地帯で畜産経営を

水田は稲作のため整備されている農地である。しかし水稲が作付されているのは、水田233万haの7割弱の160万haである。転作・休耕している73万haは大事に保全されなければならないが、その最善の策は飼料を増産し、本来の畜産に寄与することである。

飼料用稲は、子実（籾米）として、または稲発酵飼料（Whole Crop Silage：WCS）として家畜に与えられる。ただし現段階では子実（籾米）の需要が多いのは豚や鶏で、牛については肉質などに影響があるということで給与する量を制限（濃厚飼料のおよそ3割）するなど、まだ研究の中途であるようだ。

農業・食品産業技術総合研究機構中央農業総合研究センター千田雅之*[57]は、水田での各種飼料の生産コストなどを明らかにしている。これによれば、①生産量については、コーン＞牧草＞稲WCS＞飼料用米で、飼料用米は劣り、コーンと牧草の組み合わせが有効である。②生産コストについては、コーン＜牧草＜稲WCS＜飼料用米と逆になる。いずれにせよ、稲WCSや飼料用米は生産量、生産コストともにきびしい状況にある。

また、繁殖経営における①輸入飼料依存、②国産の稲WCS購入、③自ら飼料稲を収穫し利用、④自ら牧草を生産、の四つを収益性と環境負荷の影響面から比較すると、所得については、③の飼料稲を自ら収穫利用するがもっとも優れ、次いで②の国産稲WCS購入、環境影響については、④自ら牧草を生産と①飼料輸入が優れ、エネルギー消費については③飼料稲を自ら収穫利用するほうが優れているとしている。

飼料米作付や稲WCS作付には、水田活用の直接支払交付金が交付され、いずれの作付面積も近年少しずつは伸びているが、絶対量はまだきわめて小さい。さらなる作付支援策が必要である。

なお、畜産に関係する窒素の循環、生産された飼料の移動距離縮小、畜産基地の窒素負荷の過多から考えると、畜産基地こそが稲ワラと水田転作飼料が利用できる水田地帯に立地すべきではないかと思われる。

条件不利農地・耕作放棄地・林間・河川敷などで放牧する

農林水産省「畜産統計」によると、乳用牛142万頭、肉用牛264万頭が飼養されているが、放牧されているのはごく一部である。

放牧は、①低コスト・省力家畜生産、②自給飼料活用型畜産、③特徴ある(高付加価値)畜産物の生産、④家畜福祉の向上、⑤耕作放棄地などの低未利用地活用(農地保全・国土管理)、⑥草地生態系維持による多面的機能発揮、に役立つ。しかし有効に利用されていない耕作放棄地が40万haもある。

このようななか、山口県の試験場が発想し、行政、地域、農家などと協働により推進されている「山口型放牧」が注目を集めている。これは、「中山間地域などで生産条件が不利な地域において、棚田や急傾斜地などの条件を活かした、低コストで省力的な飼養管理が可能な放牧(草地造成をともなわないもの)」で、①繁殖牛生産の省力化(飼料代の抑制、農業所得の増加)、②耕作放棄地の解消、③獣害の拡大防止、④地域の所得確保、⑤癒し効果(ふれあい)、⑥食料の安全保障、⑦景観保全(農村文化の保全)の一石七鳥を目指している。さらにプラスアルファとして、集落全体の取り組みで、雇用の創出、担い手の確保を目指している。「山口型放牧」の進展に期待したい。

河川敷の野草利用についても関心が高まっており、農林水産省と国土交通省は「河川堤防の刈り草を活用しませんか〈河川堤防の刈り草を家畜の飼料に〉」と呼びかけている。

なお、1955(昭和30)年を中心に、国有林などを活用して「下草刈りの効果を期待しつつ家畜生産を行なう林間放牧」の研究開発が試みられたが、普及しなかった。しかし条件不利農地・耕作放棄地と森林は錯綜していることが多く、今日の状況下で、再び一体として利用することの研究が期待される。

第2節　木質バイオマスを健全に循環させる

日本の国民一人当たりの森林面積は小さいうえに、保安林などが5割を占めており、利用できる森林はさらに限られることから、成長量を最大化するように手を加え、さらに生み出されたバイオマスを利用しつくすことが、日本の国土経営の基本ではないか。そのためにいくつか提案したい。

的確な森林施業のもとでの森林の成長量を知る

農業の持続的発展による多面的機能と異なり、森林・林業のそれは、「森林については、その有する国土の保全、水源のかん養、自然環境の保全、公衆の保健、地球温暖化の防止、林産物の供給等の多面にわたる機能（以下「森林の有する多面的機能」という。）」（森林・林業基本法第2条）とされ、林産物の供給が多面的機能の一項目となっている。

市町村が策定する森林整備計画において、森林は、①森林法指定、機能評価等を踏まえて決定される公益的機能別施業森林……水源涵養機能維持増進森林、山地災害防止／土壌保全機能維持増進森林、快適環境機能維持増進森林、保健文化機能維持増進森林（生物多様性保全を含む）と、②森林の現況（＝木材生産にふさわしい森林か否かの評価）、生産活動の可能性（＝林道路網整備や架線系作業システム導入の可能性があるか否か評価）から設定される木材生産機能維持増進森林に区分され、②は①との重複が可能とされている。

このうち、木材生産を担う「木材生産機能維持増進森林」が、どのくらいの木材、木質バイオマスを生み出しうるのかを知ることが、国としても地域としてもまず必要である。

利用された木材も、木材生産の残材も、いずれは木質バイオマスとしてエネルギー利用可能である。日本の森林が恒常的に利用可能なバイオマスエネルギーをどれだけ生み出しているか、誰もが知ることができるのであろうか。

木質バイオマスを熱利用する

木質バイオマスはカーボンニュートラルな、また再生可能な熱源として化石燃料を代替できるうえに他の再生可能エネルギーに比し、「栽培できる」、「貯めることができる」、「エネルギー密度が高く、移動できる（化石燃料と比べると、格段に劣るが）」、「全国に分散して賦存する」と優れている。これをどのように利用するとより有効か考えてみよう。

(1) 電気に換えることなく、直接に熱利用する

日本の家庭のエネルギー源は、電気49・5%、都市ガス21・5%、灯油18・0%、LPガス10・5%と電気が過半であり、用途は熱を利用する給湯29・1%、暖房25・7%で過半を超えている(2017(平成29)年、「エネルギー白書2019」)。木質バイオマスを燃焼させて電気に換える効率も、これを再び熱に換える効率もきわめて低い。これに比べ、薪ストーブは改良が進み、熱効率8割くらいのものがあり、加えて温室効果ガス排出量がきわめて少ないことから、木質バイオマスを直接熱利用するのがもっとも効率が良い。木質バイオマス発電は、直接熱利用されない余った熱を発電に利用する電熱併用が望ましいとされている。

(2) ストーブを利用する/薪などを販売する

先駆的な取り組みがある。

長野県の薪ストーブ使用率は4・2%と高く、伊那市近郊では、新築住宅の20%に導入されている。長野県9カ所、山梨県4カ所に薪供給の拠点を置いて宅配し、燃料として灯油などに対抗している(80円/ℓの灯油と単位発熱量当たりの価格が同じ)企業もある。[*58] なお、木質バイオマスを薪、チップ、ペレットのどれを利用するかについては、多くの報告がなされている。

林地残材にもっとも深くかかわる森林組合や、また農村のもっとも大きな経済団体であり、プロパン・灯油の配達を行なう農協が木質バイオマス利用に積極的にかかわらないことも不思議で

ある。もちろん木質バイオマスで国内の熱供給のすべてを賄えるわけではない。木質バイオマスのカスケード利用の一環として、利用しやすい農村から対応していくべきものである。地球環境保全、国土経営の視角からだけでなく、地元で雇用が確保され、そして域外に流出していた財貨が地域内を循環し、地域の振興が図れることに気づくべきであろう。

なお、木質バイオマスが近くに発生する森林管理署、国立公園事務所、地方公共団体などではどのように対応しているのであろうか。

(3) 熱水利用を導入する

日本の建築物には、社会資本の整備により電気、水道、ガス、電話、下水道、光ケーブルなどが順次接続されてきたが、熱水供給網の整備が話題になることはほとんどない。一般に熱水が冷えやすいと考えられる北欧や旧社会主義国で地域での熱水供給網の整備が進んでおり、デンマークでは、家庭の約65％が地域熱供給に接続され[*59]、新築の家屋や地域暖房を利用できる既存の家庭での電気による暖房を禁止している。[*60]

木質バイオマスの熱利用にあたって、検討されるべき課題であろう。

間伐を促進して炭酸ガスを吸収し、産出された木材をカスケード利用する

一般的に、エネルギーを含む資源は、用途を変えながら多段階的に（カスケードに）利用される。

木材は幼木の段階から炭酸ガスを吸収するとともに枝打ち材、間伐材を産出し、また成木となり伐採されると用材となり、それ以外に根元部分の木材（タンコロ）、製材端材、背板（丸太の外側の部分）などの木質バイオマス材を産出する。用材は長年にわたり住宅資材・家具として利用され、また再利用され、長い期間炭酸ガスを貯留し、最後に木質バイオマス材として熱源となり、役割を終える。

ハイキング・コースで間伐され、間伐材が搬出され、林床に花が咲いているのを見るとうれしくなる。しかしこれはまれな例で、大宗は間伐や枝打ちがされずに放置されるため、緑の砂漠となり、水源かん養、水土保全や炭酸ガス吸収の機能も果たせていない。

京都議定書目標達成計画（２００８（平成20）年３月28日閣議決定）に間伐が組み入れられているが、間伐は適正に行なわれてきたのだろうか。また間伐された木材は、化石エネルギー等の代わりとして適切に利用されてきたのだろうか。間伐はされてもきちんと搬出されないで林地に放置されている間伐材は代替エネルギーにもならず、ほどなく微生物などに分解され、吸収したCO_2を放出することになり、温室効果ガス削減の機能を果たせない。

間伐材を材として利用することなく放置すること、または単に熱源としてのみ利用すること、第３章第２節で述べたように、短い住宅の寿命と役目を終えた廃材が熱利用されないことは、森林・木材のカスケード利用を損なうことでもある。

都市林も活用する

山を拓いて造成されたニュータウンでは、残された旧薪炭林などの管理には手が回らず鬱蒼としている。また成長した街路樹の剪定枝は焼却され活用されていない。

都市においても、剪定枝を廃棄物でなく、たとえば公共施設の熱源として、積極的に活用する道をひらくべきではないか。群馬県吾妻郡東吾妻町の株式会社吾妻バイオパワーでは、日量約400tのバイオマスを使い、2011（平成23）年から営業発電している。このなかには埼玉県地方公共団体からの剪定枝が8％含まれている。

寺田徹ら[*61]は、「大都市郊外部においては、木質バイオマスの利活用と、緑地管理促進の相乗効果により、低炭素化と緑地環境改善を図った緑地管理・利用体系が構築できる可能性がある」として、千葉県柏市をモデルに検討を行ない、木質バイオマスの利活用が柏市の地球温暖化対策計画に資すると報告している。

健全な林業も経済成長とデカップリングできない

第6章において、安全保障、国土経営、地球環境のために、健全で活発な農林業生産が不可欠であるが、農業も林業も健全でもなく、活発でもないと指摘した。環境にやさしく健全な林業も、当面は経済成長とデカップリングできないので、農業と同じく公的支援が必要であろう。

森林・林業は、①地球規模の気候変動の要因となるCO_2の吸収源として、また②化石燃料によるCO_2排出量を削減する熱源として高く評価できる。

前者については、これまでの仕組みに加え、２０１９（平成31）年３月に「森林環境税及び森林環境譲与税に関する法律」が成立し、新年度から森林環境譲与税の市町村への譲与が始まる。この財源は２０１８（平成30）年５月に成立した森林経営管理法にもとづく、市町村が民有の人工林を管理する財源を裏付けるものであるが、市町村の態勢が整うまでは都道府県が応援することになっている。森林の集積・集約が進み、経営が安定し、林業需給の好循環を生み出すまでに時間を要することであろうが、その進展を期待したい。

後者については、日本の木質バイオマスの熱利用は極端に低く、エネルギー政策からも、森林林業政策からも長く等閑視されている。木質バイオマスの熱利用には、電気におけるＦＩＴに相当する仕組みがない。適正なクロス・コンプライアンス設定の下、公的な支援が行なわれることが必要である。

第３節　気候変動に備え水利システムを恒常的に見直す

気候変動による農業への影響と対策

気候変動に対処するため、農林水産省では、「農林水産省気候変動適応計画」を策定している。２０１８（平成30）年11月27日の改訂版では、農業生産基盤について、以下のように記述している。

①現状

農業生産基盤に影響を与える降水量については、多雨年と渇水年の変動の幅が大きくなっているとともに、短期間にまとめて雨が強く降ることが多くなる傾向が見られる。また、高温による水稲の品質低下等への対応として、田植え時期や用水管理の変更等、水資源の利用方法に影響が見られる。

②将来予測

極端現象（多雨・渇水）の増大や気温の上昇により全国的に農業生産基盤への影響が及ぶことが予測されており、特に、融雪水を水資源として利用している地域では、融雪の早期化や融雪流出量の減少により、農業用水の需要が大きい4～5月の取水に大きな影響を与えることが予測されている。また、集中豪雨の発生頻度や降雨強度の増加により農地の湛水被害等のリスクが増加することが予測されている。

さらに、将来、北日本（東北、北陸地域）で利用可能な代かき期の水量減少が予測されている。また、梅雨期や台風期にあたる6～10月では、全国的に洪水リスクが増加することが予測されている。

③取り組み

将来予測される気温の上昇、融雪流出量の減少等の影響を踏まえ、用水管理の自動化や用水路のパイプライン化等による用水量の節減、ため池・農業用ダムの運用変更による既存水源の有効活用を図るなど、ハード・ソフト対策を適切に組み合わせ、効率的な農業用水の確保・利活用等を推進する。

集中豪雨の増加等に対応するため、排水機場や排水路等の整備により農地の湛水被害等の防止を推進するとともに、湛水に対する脆弱性が高い施設や地域の把握、ハザードマップ策定などのリスク評価の実施、施設管理者による業務継続計画の策定の推進など、ハード・ソフト対策を適切に組み合わせ、農村地域の防災・減災機能の維持・向上を図る。その際、既存施設の有効活用や地域コミュニティ機能の発揮等により効率的に対策を行なう。

作物の生育には水が必要であり、降水量が一様でない地域では、この水は人工的に補給される。これが灌漑である。このように地域の環境（生態、水文、地形など）に作物が要求する水を整合させる仕組みが水利システムであり、これを造るために科学技術を進歩させ、農業を振興し、文明社会を築いてきた。

なお、変動する環境（とくに水文）や変化する社会に対して水利システムを保全する（維持・改善する）ことは水利システムを造ると同様にむずかしいことであるが、これに成功した文明だけが持続したことは歴史の教えるところである。幸い日本では、第2章第2節で取り上げた〈水土の知〉が育まれ、水利システムが持続してきたことから、水土に恵まれた文明が持続してきたのである。

環境の変化や栽培作物の変化、社会状況の変化に的確に対応するためには、水文データの長期にわたる観測・分析や要求性能の変化の把握が不可欠である。また、これらにもとづく具体的な水利調整に取り組むには、広い知見や専門的な技術・情報にもとづく広域的なマスタープランが必要である。

地球温暖化にともなう気候変動が顕在化してきた今日、日本でも、大規模な灌漑事業が行なわれた水系を単位に、データを蓄積し、検討する体制を整え、新たな水利調整の検討を始めることが必要になってきている。

水利システムに求められる要求性能は変化している

水利システムは農業や社会が要求する性能（要求性能）を満たせるものでなければならない。これは時代とともに変化する。今、次のように、その時にある。

(1) 営農作物やその作付時期が変動する

気候変動にともなう温暖化に作物は敏感に反応する。たとえば、気温が上昇すれば植物の蒸発散量が増え、より多くの灌漑用水が必要となる。また、水田では代掻き（しろかき）が早まる。これまで冷水障害を心配していた地域が、これからは高温障害を心配するようになる。これらはいずれも季節ごとの灌漑水量の変更を迫ることになる。

さらに、平均気温が上昇すれば栽培作物を変更するか作付時期を変えざるを得ない。そして栽培形態が変われば農業用水の需要量と需要発生の時期別パターンが変わる。また、「農林水産省気候変動適応計画」が指摘しているように、降雨量、降雨パターン、降雨強度が変われば、河川流量やダムへの流入量が大きく変化する。これらの結果、現在の水利システムの前提となっている農業用水の時期的な需要量と供給量に大きなミスマッチが発生することになる。

(2) 農業構造が変化し供給主導型から需要主導型になる

一般的に、緻密な配水計画作業と関係者間の調整を経て水利調整が行なわれると、水源管理も水利用管理も、需要主導でなく供給主導で運用される。しかし要求性能について（1）で述べた変化が生じ、また大規模な営農が行なわれるようになると、水の無効放流をきびしく抑制しつつも水利用の自由度を求めるようになる。今日の上水道と同じく需要主導型の水利用である。供給主導型を需要主導型に変更するためには、水利システム内で調整池新設などにより調整能力を高めるか、水源をより大きくして調整能力を高める必要がある。

また、気候変動とは関係なく、後継者のいない農家の撤退、担い手の規模拡大など、農業生産構造も大きく変わっており、それにともなって農業用水の需給構造や維持管理の形態にも大きな変革が生じる。

（3）分断された水域の生態系を修復するため、生態系ネットワークを形成する

用排水路の完全分離と管水路化は、生態系ネットワークを分断し、生物多様性の維持に悪影響を与えている。このため、水域の生態系を修復するための水利システムの再構築も課題となっている。

（4）小水力発電を進める

再生可能エネルギーの一つとして、また農村地域振興策の一環として、農村地域のもつ小水力発電賦存量を開発するため水利施設の活用が求められている。

水利施設も劣化する

中央道笹子トンネル（2012（平成24）年）崩落事故以来、社会資本の劣化が社会の関心を集めているが、農業水利資産も同様の状況にある。

日本では、長年にわたる農業用用排水施設整備により、32兆円もの水利資産が蓄積されている。水利施設は、貯水施設（ダム、ため池、調整池）、頭首工、取水口、導水路、幹線水路（開水路、管水路）、支線水路（開水路、管水路）、揚水機場、分水工など多くの工種で成り立つ複合施設である。

これらの水利施設は、耐用年数10年の操作機器、同じく20年のポンプ、30年のゲート、50年の

コンクリート水路施設と、工種ごとに耐用年数が異なっており、施設新築後、それぞれ一定の期間ごとに補修や改築を繰り返した後、水路施設の全面改築（二期事業）を迎えることになる。

水利施設は、経年的な劣化が進行すると、ポンプの停止、管水路の破裂などの突発事故が起こりやすくなる。また、自然災害への抵抗力がなくなり、災害を受けやすくなる。また、前述のように気候変動などにより水利システムに求められる要求性能も変化することから、施設の維持・管理と要求性能への対応という両面から、これまで以上に適切なストックマネジメントが求められている。

現在、水利施設の長寿命化とライフサイクルコストの低減を図る「ストックマネジメント」関係の制度が創設・拡充され、個々の施設（工種）の長寿命化を図るための仕組みは用意されてきているが、経年数と機能の低下の関係が科学技術的に整理され、施設の残存価値を最大限活用する仕組みが構築されることが重要である。個々の施設の個別的な改善は全体の改善に必ずしもつながらないことに留意し、いずれ迎える全面改築（二期事業）に対しては、新たな仕組みを用意することも必要だろう。

ところで、内閣府が公表している「日本の社会資本２０１７」によると、２０１４（平成26）年度における18部門（道路・港湾・鉄道・下水道・治山・治水等々）の粗資本ストック（使用可能な状態にある資本ストックを、投資額ベースで評価したもの）は９５３兆円、純資本ストック（評価時点における残存価値を評価したもの）は638兆円、生産的資本ストック（評価時点における能力量を評価したもの）は781兆円にのぼる。このうち、農業の部門の粗資本ストックは73兆円、純資本ストックは40兆円、生産的資本ストックは54兆円と、各々全体の7・7％、6・3％、6・9％を占めている。

これを経年的な変化でみてみると、18部門全体の粗資本ストックは、これまで一貫して増加しており近年も穏やかに増加を続けているが、純資本ストックは近年横ばいとなっている。これは1990年代に投資額が急増したことから、1990年代に形成されたストックの除去額（廃棄、売却などでなくなってしまった資産）などが近年になって高水準で推移しており、この除去額などが新たに加えられる投資額と同程度で推移しているからである。しかし、農業部門についてみると、粗資本ストックは2006（平成18）年を、純資本ストックについては2004（平成16）年をピークに、その後は一貫して減少している。このような傾向は林業部門も同じ状況にある。

地球環境問題が深刻になり、これから農林業の果たすべき役割が大きくなるなか、残念なことである。

日本型コモンズは存続できるのか

日本の水利システムは、基本的に農業者の集まりである土地改良区によって、日常の維持管理が行なわれている。

第2章第2節で述べたように、水田稲作が主体であった日本では、〈水〉、〈土〉、〈人〉の複合体を一つの社会資本として捉え、〈水土の知〉を活かしながら、長期にわたって水利システムを良好な状態で維持してきた。

しかし、かつてはほぼ同じ経営規模の自作農から構成されていた農村は、今日では、住民のうち非農家が約9割を占め、総農家数のうち土地持ち非農家が約5割、農地の所有者の7人に1人は不在地主というように、大きく変貌している。

したがって、土地改良区にも、今後は、異質なメンバーの存在を前提に、これらの住民と共助・共存関係を築きながら、いかに水利システムを維持していくか、新たな仕組みと〈水土の知〉を生み出すことが求められている。

なお、水利システムの維持管理や更新を適切に行なっていくため、すでに、①これまで土地改良区の組合員は原則として耕作者とされていたが、農地の所有者を準組合員とすることができる、②用水路等の維持管理に取り組んでいる地域の（非農業者で構成される）活動団体を、土地改良区の施設管理準組合員とし、施設の維持管理に参加できるようにする、などの見直しが行なわれている。

今後とも、大事な資産である水利施設が、良好に維持保全されていくことを期待したい。

参考文献

＊56　中央畜産会編『畜産行政史―戦後半世紀の歩み―』（1999）
＊57　千田雅之「収益性と環境影響の関連性を農場レベルで評価できる経営計画モデル」農業経営通信No.259（2014）
＊58　木平英一「各地に広がる薪の宅配ビジネス」バイオマス産業社会ネットワーク第128回研究会資料（2013）
＊59　高橋　叶「デンマークから考える地域熱供給」Energy Democracy（2017）
＊60　箕輪弥生「コペンハーゲンでは98％のエリアで普及。デンマークで浸透する地域暖房」Ecology Online（2012）
＊61　寺田徹・横張真・田中伸彦「大都市郊外部における緑地管理及び木質バイオマス利用による CO_2 固定量／排出量減量の推定」ランドスケープ研究72巻5号（2009）

終章

日本農業が先頭に立ち、地球環境問題に取り組もう

完新世から人新世（アトロポセン）に入った地球の自然、地球環境の激変をどう防ぐのか、人類はいかに生きていくべきかについて、本書では以下のような内容を記述した。

・近年の人類の活動は、これまでの宇宙の影響に匹敵するような規模で、地球環境システムに大きな変化をもたらしており、地球の機能を制御するさまざまなシステムのいくつかが、人類の望まない状態に急変しうる生物物理学的限界を示している（初章）。

・それは地球のシステムを維持する「物質と生命の循環」が機能しなくなっているからである（第1章、第2章）。

・この文明を持続させるための働きかけが、世界中で始まっており、現在の資源浪費型社会を脱却し（第3章）、物質と生命が健全に循環するように人間の活動を律する（第4章）ことが必要とされている。

・人類にこの豊かな文明をもたらした農業も地球環境に大きな影響を与えており、その対応が最大の課題となっている（第5章）。

・とくに日本において、農業が依拠する「物質と生命の循環」機能が損なわれ（健全でない）、促進されず（活発でない）、国民の食料を確保できず、国土経営を不安定にし、地球に負荷をかけていることから、「物質と生命の循環」の視角から、農業への環境支払制度を確立する、農村地域で持続的な農業農村を創るためのビジョンを共有する、地域で各種施策を総合化することが必要（第6章）である。

・具体的な試みとして、本来の畜産に可能な限り回帰する、木質バイオマスを健全に循環させる、気候変動に備え水利システムを恒常的に見直すことを提案（第7章）している。

人類には、この豊かな文明を創ってきた叡智と高峰や極地に到達した冒険心がある。人類の最大の課題である地球環境問題に世界の多くの機関や人々が挑戦しようとしている今、農業は「物質と生命の循環」の微妙な変化をもっとも早く感知し得る営みであり、またこの文明の礎を拓いた立場にあることから、先頭に立って取り組むべき責務を負っているともいえる。

諸問題を抱える日本農業にとって、地球環境問題の観点から農業のあり方を論じ、施策を組み立て、これを実行することは、遅れている時計を一時も止めることなく修理することのように容易なことではないだろう。

しかし、幸い日本には、この自然条件のきびしい島国を安定させ、多くの人口を養い、高い文化を創造してきた知恵〈水土の知〉が培われてきている。これに習って地球環境問題に真摯に取り組み、先人や後世の人に「できない理由を考えることだけは得意であった」と揶揄されることは避けたいものである。

また、何を生業とするか、どこに住むかは個人の意志であるが、経済的な豊かさがある水準に至った現在、自らの体と頭で水と土と生きものに働きかける農業への関心が高まり、またこれを国民が広く応援する機運も醸成されつつある。これは農業や農村において「物質と生命の循環」を回復する好機と捉えることもできる。

国も、地方公共団体も、地域も、①「物質と生命の循環」の回復が必要なことについて認識を共有し、それぞれのビジョンを明確化すること。②知見が乏しい生きものについてあらためて学ぶことから始めるなど「物質と生命の循環」の実態を把握するとともに、これを回復するための科学技術を開発し、その成果を共有すること。そして、③「物質と生命の循環」を回復し持続させるために、新たな土地利用計画手法を開発し、農業への環境支払制度を充実させるとともに、各種施策を総合化する仕組みを用意することが望まれる。

「かつて」は対応を怠った、しかし「いつか」では手遅れになる、「今」動くしかない。

おわりに

本書は、Ｗｅｂサイト Seneca21st の共同作業から刺激を受け、生まれた。サイトを支えていただいた話題提供者、訪問者、管理者には感謝の言葉もない。

筆者３人の共通の友人である岩崎和己、小野寺浩、金子照美の各氏には、全編について目を通していただき、構成、記述内容などについて貴重なご意見をいただいた。あらためてお礼を申し上げる。

また、引用、参照させていただいた文献およびその著者の方々にも厚くお礼を申し上げる。ご紹介した文献につき誤解や誤用があれば、それはひとえに筆者の理解不足によるものであり、深くお詫び申し上げたい。

本書の出版にあたっては、農山漁村文化協会編集局の甲斐良治氏にご相談したところ、快くご承諾をいただき、そのうえで出版に関するさまざまなご指導をいただいた。また、校正では高橋順子さんに、参考文献などにも目を通していただき、的確なご指摘とご助言をいただいた。深甚なる謝意を表したい。

Seneca21st 話題一覧

【話題1】『地球環境問題とはどのようなことか―循環の視角から地球環境問題に展望を拓く（1）』中道　宏
【話題2】『なぜ地球環境問題が生じたのか―循環の視角から地球環境問題に展望を拓く（2）』中道　宏
【話題3】『地球環境問題に展望を拓こう―循環の視角から地球環境問題に展望を拓く（3）』中道　宏
【話題4】『水土の知を学ぶ』小泉　健
【話題5】『農業における窒素循環の視角から循環型社会を展望する』大串和紀
【話題6】『農業の多面的機能　それを「守る」ための政策と、「改善」するための政策』荘林幹太郎
【話題7】『今日の環境問題の本質、そして地球温暖化問題』石坂匡身
【話題8】『なぜ今、バイオマスか』柚山義人
【話題9】『バイオマス利活用の技術』柚山義人
【話題10】『農業水利とは』中島賢二郎
【話題11】『水利施設を次世代に』中島賢二郎
【話題12】『農村文化―生活に内在する資源―』山下裕作
【話題13】『水土が育んだ水田生態系の保全に向けて』森　淳
【話題14】『〈かごしまフォト農美展〉に見る水土の知』門松経久
【話題15】『豊かな自然をめざして―コウノトリ野性復帰と農業・農村の整備』矢部誠一
【話題17】『企業的農業経営における収益性追求と環境保全との矛盾及びその統合』甲斐　諭
【話題18】『汝は何故に斯くも美しきか、何故に水の姿を纏しか』川尻裕一郎
【話題19】『「トキと共生する島」佐渡の農業農村整備―〝餌場づくり〟から〝トキと暮らす水田〟へ―』宮里圭一
【話題20】『宮城県「蕪栗沼・周辺水田」の『ふゆみずたんぼ』～ラムサール条約湿地での多様な生きものを育む取組み～』
みやぎ・ふゆみずたんぼ研究チーム
【話題22】『鹿児島大規模畑作地帯における新たな〈水土の知〉への挑戦』門松経久

【話題23】『人による自然破壊から見た種ヒト（ホモ・サピエンス）―延命のために豊かな自然を継ぐ―』寺本憲之
【話題24】『環境倫理とはどういうことか―環境問題の捉え方』石坂匡身
【話題25】『和の経済』三野耕治
【話題26】『科学／技術の総合化』小泉　健
【話題27】『地球を意識しながら、日本の食料自給力の確保と持続可能な国土経営を考えよう』石坂匡身、中道　宏
【話題28】『循環の感性を育む「田んぼの学校」―環境教育活動としての可能性を展望する―』宮元　均
【話題29】『世界のパンカゴ・南米の激しい土壌侵食とアンデス天空の高地における砂漠化防止対策の取り組み』吾郷秀雄
【話題30】『経済学的な視点から話題27を読み解き、考える』大串和紀
【話題31】『高齢者と大学の協働（コラボレーション）による地域おこし』吾郷秀雄
【話題32】『持続可能な国土経営の展望（農業農村）を創ろう』中道　宏
【話題33】『都市と農村の関係はいかにあるべきか』中道　宏
【話題34】『農業土木・土地改良・農業農村整備・水土の知とはなにか―九州大学農学部地域環境工学概論講義ノートから―』大串和紀
【話題35】『東日本大地震被災地における農業農村の復興について提案』中道　宏
【話題36】『地球環境時代の経済成長を考える』一方井誠治
【話題37】『農業・農村における創エネと節エネ』柚山義人
【話題38】『世界の〈水土の知〉の例』中道　宏、吾郷秀雄、清水真幸、安中正美、富澤清治、山崎　晃
【話題39】『水田農業とエネルギー問題』吉田修一郎
【話題40】『土地改良区のおじさんが取り組んだ浦河町「田んぼの学校」10年の歩み―子どもと大人がコメづくりと人とのふれあいを体験した―』西　利明
【話題41】『農村振興におけるソーシャル・キャピタルの形成に関する考察と提言』吾郷秀雄・中桐貴生
【話題43】『バイオマスタウンの構築と運営』柚山義人

【話題44】『木質バイオマスは再生可能エネルギーの一翼を担えるのか』中道　宏
【話題45】『移転する水土の知―愛知用水を例に』日髙修吾
【話題46】『生態系ネットワークの形成と物質・生命循環』森　淳
【話題47】『農業農村における小水力発電の取り組みについて』梅川　治
【話題48】『農の造る風景―かごしま農36景から―』門松経久
【話題49】『「知」の共同体と〝自発的知〟の創造』川尻裕一郎
【話題50】『農地・農業水利資産と農業土木技術について』中　達雄
【話題51】『農地集積による地域農業システムの確立に向けて』中保昭雄
【話題52】『高齢化山間集落における農地保全と担い手育成の積極的取り組み』田村邦麿
【話題53】『地下水位制御システム（フォアス）の魅力と地球環境への貢献』小泉　健
【話題54】『危機的状態の地球窒素循環』生田義明
【話題55】『農村での排出削減で得られる炭素クレジット』松原英治
【話題56】『窒素循環の観点から考えるメタン発酵消化液の液肥利用』中村真人
【話題57】『エントロピーと物質循環―地球環境問題への一つの視点―』中澤　明
【話題58】『インドネシア・ランポン州における水田灌漑とダムの機能の照査』山﨑　晃
【話題59】『農業におけるリン循環の視角から循環型社会を展望する』大串和紀
【話題60】『持たざる国の資源・エネルギー政策を構築しよう』中道　宏・大串和紀
【話題72】『気候変動は進んでいる』中道　宏
【話題73】『生物種が加速的に絶滅している』中道　宏
【話題74】『人口増加は止まるか』中道　宏
【話題75】『地球の循環とは何か』大串和紀
【話題76】『自然環境資源を劣化させ、鉱物資源、化石エネルギーを枯渇するまで使い続けるのか』中道　宏・大串和紀

石坂　匡身（いしざか　まさみ）

1939（昭和 14）年東京都生まれ。

1963（昭和 38）年東京大学法学部卒業後、大蔵省で「農林予算担当」など財政の仕事に従事。その後、環境省で環境基本計画の策定などの環境政策の仕事に従事。

環境事務次官を務め 1996（平成 8）年退官。退官後、中央環境審議会委員、地球環境戦略機構（IGES）評議委員会議長、神奈川県環境審議会会長、（財）日本農業土木総合研究所理事などを歴任。大蔵財務協会理事長を務める。

主な著書に『環境政策学：環境問題と政策体系』（中央法規、2000、編著）、『今、財政を考える』（大蔵財務協会、2012）、『倭　古代国家の黎明』（大蔵財務協会、2017）、『戦国乱世と天下布武』（大蔵財務協会、2019）がある。

大串　和紀（おおぐし　かずのり）

1950（昭和 25）年佐賀県生まれ。

1973（昭和 48）年九州大学農学部卒業後、農林水産省に入省。農林水産省、国土庁、福島県、徳島県、水資源開発公団で勤務。

九州農政局長を務め 2004（平成 16）年に退官。その後、（財）日本農業土木総合研究所専務理事、農村環境整備センター専務理事、（株）竹中土木常務執行役員を経て、岩田地崎建設（株）顧問、九州大学農学部非常勤講師。

農学博士、技術士（農業部門、総合技術監理部門）。

中道　宏（なかみち　ひろし）

1939（昭和 14）年長崎県生まれ。

1963（昭和 38）年京都大学農学部卒業後、農林水産省に入省。農林水産省、国土庁、秋田県で勤務。

構造改善局次長を務め 1992（平成 4）年に退官。その後、水資源開発公団理事、農村振興技術連盟委員長、（財）日本農業土木総合研究所理事長、中央環境審議会委員などを務める。

工学修士、農学博士。

著書に『水と土に恵まれて』（公共事業通信社、1989、共編著）、『農業水利計画のための数理モデルシミュレーション手法』（農業農村整備情報総合センター、1993、共編著）がある。

人新世（アントロポセン）の地球環境と農業

2020年3月10日　第1刷発行

著　者　石坂　匡身
大串　和紀
中道　宏

発行所　一般社団法人　農山漁村文化協会
〒107-8668　東京都港区赤坂7-6-1
TEL　03（3585）1142（営業）
03（3585）1144（編集）
FAX　03（3585）3668
振替　00120-3-144478
http://www.ruralnet.or.jp/

ISBN 978-4-540-19212-8
〈検印廃止〉

DTP制作／㈱農文協プロダクション
印刷／㈱新協
製本／根本製本㈱
定価はカバーに表示
乱丁・落丁本はお取り替えいたします。